物聯網
之智慧商務

適用多元選修及彈性課程—ERP學會認證教材

推薦序

二十一世紀的現今，科技發展日新月異，人們生活在一個隨時有新發明推陳出新的世代。而在「科技始終來自於人性」的定律下，許多更符合人類需求、使用上也更為便利的產品因應而生，我們的日常生活已經和這些新科技密不可分。

本書詳細介紹了人類文明發展中各項重要發明的演進軌跡，筆者印象最深刻的一段是電商崛起的過程，人類的消費行為因為電子商務的出現得以打破空間的限制，甚至連支付方式也變得更為便利且多元化。

尤其今年全球都受到新冠肺炎疫情影響，在社交活動嚴重受限、實體消費通路也受到慘烈打擊的狀況下，電商平台成為人們進行消費活動的首選；不但未受太大影響，尤有甚者，生意還因此蒸蒸日上。由此可見科技發展的確與人們的生活息息相關，甚至能在某些恰當的時間點創造巨大商機。

本書之出版，對於希望了解物聯網智慧行銷的有志之士來說，定是一大福音。書中除了廣泛搜羅各種智慧行銷的運作模式，更詳實介紹這些產品是因何而生、從中能衍生出多龐大的產業鏈；在作者深入淺出的分析之下，使讀者能毫無負擔的博覽各種行銷手法，更提供實務參考上重要的借鏡。

我們活在一個百花齊放的世代，也是所有事物都日新又新的最好的世代。因應科技發展而生的智慧行銷，已經不只是未來的趨勢，而是文化演進的必經之路。筆者誠心推薦此書給所有渴望接收新知識的讀者，亦期盼此書能點燃更多嶄新的創意火花！

許秉瑜 敬筆

國立中央大學管理學院院長

2020 年 9 月

一般管理類教材的內容架構，多半以「理論架構為主、案例為輔」，對於高等教育或許適用，但對於專注力較差的高中生或是部分學習成就較低的大專生而言，超過 10 分鐘的理論就足以讓學生全部睡著了。

學生看漫畫、看小說都不會睡著、更不會累，證明：「學生都不喜歡讀書」這個論點是錯的！學生不喜歡的是「無趣」的書，無趣的教學方式！企業經營案例原本是精彩的，但被整理歸納為「理論、架構」後，有趣、精彩的劇情不見了，成為無趣、苦澀、難以下嚥的濃縮教條，但家長、老師、大人們卻對學生說：「吃得苦中苦方為人上人！」。只為了少數的人上人，卻讓云云學子過臥薪嘗膽的日子，好像不太明智，更不符合「管理」的使命！

本書開發的中心想法就是讓學生聽故事，透過案例引導，讓學生與授課教師可以產生「發問、質疑、討論、實作」的互動，徹底脫離老師光講、學生光抄、期末考試的刻板教學模式。教材開發時就是以 PowerPoint 為工具，規劃出 160 個講題、案例，更搭配 90 支影片讓課程更為精彩、有趣。

有人說知易行難，有人說知難行易，都對，也都不對！主要是「對象」。再次強調，對於非人上人的多數學生而言，換一種思維、換一種教學方式，可以讓教、學雙方都有更佳的成就感！

林文恭

2020/09

目錄

物聯網概論

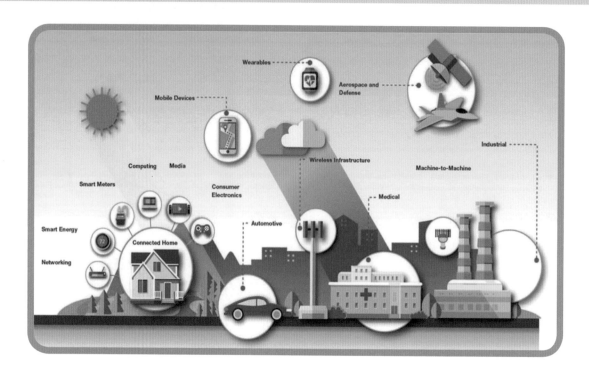

科技的震撼！小說情節、電影情境隨著時間一一落實在生活中⋯：

Internet	動作	效益
第 1 代	把「電腦」串起來	資料分享 → 資料整合
第 2 代	把「人」串起來	人際關係分享 → 行動商務
第 3 代	把「東西」串起來	？？？分享 → ？？？

IOT 物聯網（Internet Of Things）也就是第 3 代 Internet，匪夷所思的要將萬物聯網，將冰箱、冷氣、咖啡機⋯都聯上網路的意義為何？隨著 Google Home 等相關生活應用不斷被開發出來，IOT 的價值逐漸浮現，儘管如此，由智慧家居所展現出來的也只是 IOT 功能的萬分之一。

筆者非常喜歡這句廣告詞：「科技始終來自於人性！」，能夠改進人類生活的科技才是有價值的！

廁所的演進

人類生活便利性的提升憑藉的就是「自動化」，所有的產品都標榜「自動化」，我們就由每天使用最頻繁的「廁所」來探討自動化演進：

溝式	有了衛生概念，多個崗位相連，以水溝相連，以人工舀水或以水管沖水來清潔，後來聰明的商人在上面加一條有小孔的水管，隨時沖水保持乾淨，太浪費水，但已經有自動化的概念了。
水箱式	每一崗位配置一水箱，有一拉桿或旋鈕，上完大小號後，拉一下拉桿水就沖下清潔。
感應式	人靠近或離開小便斗、坐上馬桶或離開馬桶就自動沖水，不需要手動拉桿或旋鈕了。
MTV	一邊上廁所，一邊看影片，廁所內提供影音娛樂享受，上廁所也可以很悠閒，名符其實的 Restroom。

 舊式英文單字「廁所」為 Water Closet 簡寫為 W.C.，就是因為便器需要用水來沖，新式用法為 Restroom，中文譯為化妝室，功能就不限於排泄用途。

自動化的演進

半自動	智慧判斷
感測裝置	雲端應用

自動化技術演進：

第 1 代	「啟動」、「關閉」，必須手動拉桿或旋鈕，所以也稱為半自動。
第 2 代	重點在於感應裝置，由環境的變化，決定啟動功能的時機。 例如：人靠近或離開小便斗，都會啟動沖水功能。
第 3 代	重點在於智慧判斷，根據環境變化的差異，決定啟動的方式。 例如：走進小便斗只沖水 5 秒鐘，離開小便斗沖水 15 秒鐘。
第 4 代	重點在於網路雲端運用，辨識使用者身分，提供不同的服務，並記錄使用者資訊，提供雲端大數據企業決策，這也就是我們今天所說的物聯網商業應用。 例如：根據人臉辨識技術，確認使用者身分，提供相關行銷影片資訊，更將使用者所在的地點、時間…等資訊上傳雲端。

以下哪一種東西不能作網路連結？

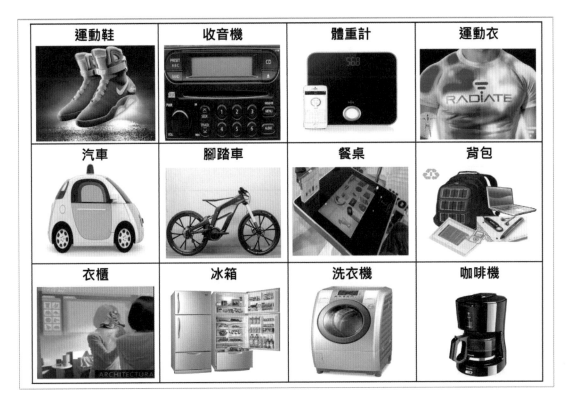

運動鞋	收音機	體重計	運動衣
汽車	腳踏車	餐桌	背包
衣櫃	冰箱	洗衣機	咖啡機

以上所有東西都可以聯網！但聯網的目的為何呢？這也是本教材的教學重點，探討物聯網科技對於產業自動化、商務模式創新的應用：

聯網物件	物聯網效益
衣服	蒐集並傳送：心跳、血壓、體溫等資訊，可隨時監控身體健康狀態。
商品	以 RFID 傳送商品資訊，大幅提高倉儲、盤點自動化。
車輛	傳遞車輛的行進方向、目的地，接收附近交通號誌與其他車輛傳過來的訊息，可防止汽車碰撞，建議最佳行車路線。
土地	偵測並傳送環境訊息，以達到自動化控制溫度、濕度。

智慧家電

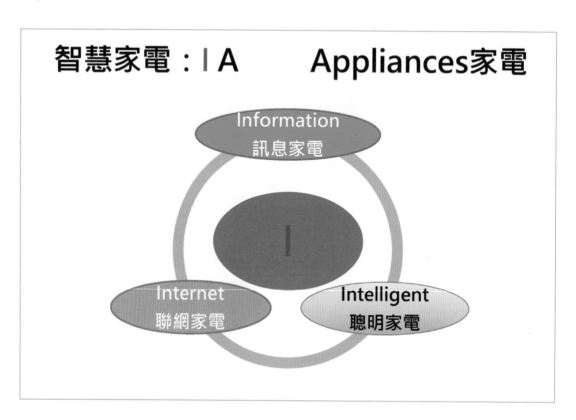

智慧家電 3 個基本功能

智慧判斷 （Intelligent Appliances）	當環境產生變化時，透過感測元件取得資訊，例如：溫度、濕度、壓力、…，然後以內建程式控制，作出相對應的動作，例如：開啟風扇、打開水閥、…。
網路連節 （Internet Appliances）	家電必須可以遠端遙控，或將環境訊息傳遞給另一部家電或使用者，因此必須具備網路連線功能。
訊息傳遞 （Information Appliances）	家電與家電之間互動，家電與人互動，首先必須透過資訊傳遞。

有了這 3 個 I，所有家電可以串聯、互動，形成一個智慧家居！

無線通訊標準

有些研究單位、學術單位、公益團體為了產業的發展，就會跳出來作技術標準的整合，讓不同的廠牌、標準、規格都可以相容，整個產業進入成熟期，產品普及率放量增長。

目前物聯網的無線通訊也進入到產業整合期，最大挑戰就是讓不同的廠商設備都能夠彼此連線，許多組織或聯盟也正在進行連線標準的整合，以保證設備彼此之間的相容性能夠提高，以加速物聯網的發展。

電機電子工程師學會（簡稱 IEEE）於 1997 年為無線區域網路制訂了第一個標準 IEEE 802，這個標準也成為最通用的無線網路標準：

802.11	催生 Wi-Fi，版本的更新讓 Wi-Fi 能有更進步的速度
802.15.4	定義「無線個人網路 WPAN」連線標準其中包括：ZigBee、6LoWPAN、WirelessHART
802.15.1	推出藍牙

IEEE 802 是短距離無線通訊的共主，也是一百公尺戰爭中的主要競爭者。

百家爭鳴

以下是 3 種常用物聯網無線通訊技術的優缺點分析：

Wi-Fi	Wi-Fi 的傳輸速率遠高於其他無線傳輸技術，但由於需要包含 TCP/IP 協議的標準，因此通訊設備必須包含 MCU（微控制器）與大量的記憶體，因此 Wi-Fi 連線的成本就相對過高。
藍芽	藍牙主要是以點對點傳輸為主，並針對一對一連線最佳化，低功耗藍牙讓藍牙能夠再應用於更多智慧型裝置，除了智慧型手機與平板電腦以外，也涵蓋了健康，遊戲、汽車的新應用，甚至可以提供地理位置與地標的基礎功能。
ZigBee	是一種低傳輸、低功耗、低成本的技術，長時間休眠功能與省電能力令人讚嘆，只要一顆鈕扣電池就可以使用年餘，因此也有 ZigBee 設備是採用無電池模式，只需要一些能量採集科技就能供應足夠的電力。

智慧家居整合計畫

IP 互聯家庭項目（英語：Project Connected Home over IP）是一個智能家居開源標準項目，由亞馬遜、蘋果、谷歌、ZigBee 聯盟聯合發起，旨在開發、推廣一項免除專利費的新連接協議，以簡化智能家居設備商開發成本，提高產品之間兼容性，讓智慧家庭裝置像 USB 一樣可以隨插即用。除了在使用上更加便利之外，新的技術標準也能協助開發商設計出更可靠、更安全、更保密、相容性更高，且在沒有連上網際網路的環境下也能運作的裝置。

這個計畫採用 IP 通訊協定整合各個不同層面的網路技術，因此可以運行在現有的網路設施上，不需要為了智慧家庭架設新的網路設施。

IP 通訊協定已處於成熟階段，因此 Project Connected Home over IP 也將會為智慧家庭開發者帶來一套熟悉且一致的開放模式，讓開發者可以輕易整合智慧家庭、行動通訊和雲端服務。

萬物聯網的效益

遠端遙控	對於無法確實掌控下班時間的上班族，預約、定時功能變得不實用，利用無線遠端遙控，就能在回家的路上啟動：電鍋、冷氣、咖啡機。
自動啟動	使用智慧電錶可享受離峰電價優惠，生活中有許多事情並沒有時間上的急迫性，若能設定家電運作時間，便能享受優惠。 例如：夜間啟動洗衣機、夜間啟動抽水馬達。
自動採購	電冰箱聯網後可下載食譜，自動偵測冰箱內食物內容與數量，根據食譜的選擇，電冰箱可以下單採購食品。
互動效益	電玩遊戲透過體感裝置，可以讓玩家融入遊戲角色。
家電整合	所有家電都可以利用網路串結起來，利用中央控制器，整合所有家電的自動化工作。

智慧家居：整合應用

情境A：上床睡覺

由床墊感測壓力啟動：情境A

燈光

空調

音樂

室外照明

保全系統

鬧鐘

◎ 情境 A：上床睡覺模式

窗簾自動關上、冷氣切換到睡眠模式、燈光調整為睡眠情境、音響播放輕音樂一小時後自動關閉、⋯

藉由床墊感測壓力，啟動情境 A

◎ 情境 B：起床模式

窗簾自動打開、咖啡機切換美式後自動開啟、電視機播放 CNN 晨間新聞、機器人播報即時路況與天氣、⋯

藉由體感裝置，偵測呼吸頻率，啟動情境 B

串聯室內物聯網家電、裝置，達到：整合→互動，透過居家生活模式設定，讓家變得：聰明、節能、舒適。

居家保全：整合應用

居家保全系統：

- ◈ 社區閘門透過辨識系統可認車、認人，作為社區進出管制。

- ◈ 屋子大門有指紋辦系統或晶片卡，作為身分辨識。

- ◈ 家中有固定式監視系統，還有移動式照護機器人，可隨時監看家中情況。

- ◈ 屋內各房間裝設煙霧、溫度感測器，有異常情況時，自動通報消防單位。

- ◈ 老人、小孩身上配置感知型發射器，當老人或小孩跌倒或昏倒時可發出緊急求救訊號，並提供 GPS 定位訊號。

串聯室內外各項物聯網監控裝置，達到：整合→互動，透過監控模式設定，讓家俱備：安全、防災、急救的功能。

物聯網的架構

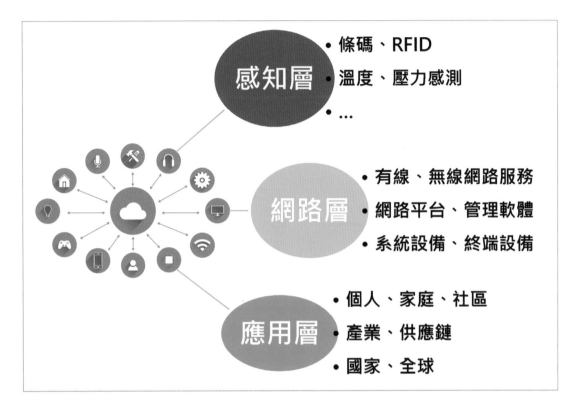

物聯網的運作架構與人體運作相似，同樣分為 3 層，對照分析如下：

功能	人體		物聯網
蒐集環境訊息	知覺器官		感知層
將訊息傳送至腦部	神經系統		網路層
對訊息作出處理、判斷、決策	大腦		應用層

2 大主流感測器的結構

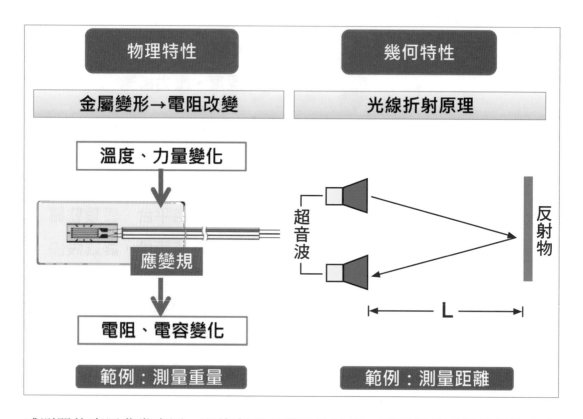

感測器的應用非常廣泛，即使在沒有網路的時代，感測器就已經悄悄進入我們的生活，但都是半自動，多半使用機械、物理、光學原理：

左上圖：是利用感測元件的物理變化來測量環境數值，例如：

溫度計	傳統溫度計是利用水銀熱脹冷縮的物理原理來量測體溫。
體重計	傳統指針式體重計是利用重量帶動彈簧等機械原理轉動數字刻度轉盤，測得使用者體重，電子式體重計則是利用感應元件，將重力轉換為電壓或電流的模擬訊號來測量體重。

右上圖：利用光、波的折射原理來測量距離、移動速度，例如：

雷達	雷達發射機通過天線把電磁波能量射向空間某一方向，處在此方向上的物體反射碰到的電磁波；雷達天線接收此反射波，送至接收設備進行處理，得到該物體的：距離、速度、方位、高度等、…

古老感測器

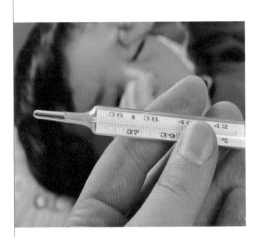

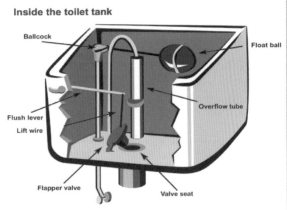

Inside the toilet tank

Ballcock
Float ball
Flush lever
Lift wire
Overflow tube
Flapper valve
Valve seat

溫度計	感冒上醫院第一件事就是量體溫，水銀體溫計就是一種感測器，感測身體的溫度，利用水銀熱脹冷縮的物理原理感測溫度。 問題：水銀體溫計必須直接接觸身體，必須用眼睛讀取數據…
抽水馬桶	馬桶水箱注入水之後，連桿上的浮球會隨著水位不斷升起，滿水位時止水閥就會關閉注水口，這是利用機械原理來感測水位。 問題：可以自動注水卻無法自動沖水，沖水量不能分大小，無法達到節水功能。

以上 2 個裝置都是半自動，效益有限，當新冠肺炎疫情嚴重時，機場、車站、捷運站大量人流若使用傳統體溫計測量體溫，動線勢必全面癱瘓，目前採用遠距紅外線體溫量測，將旅客行進速度的影響減至最低，並鎖定高溫個體並進行進一步的檢測，達到自動→智慧。

現代感測器

應用	偵測
變頻冷氣機	環境溫度 / 濕度
免治馬桶	力道
倒車偵測系統	距離
人臉辨識	影像
體感遊戲	身體四肢移動
運動手環	移動速度、體溫、脈搏

目前自動化裝備都是利用感測器可來達到：全自動化、智慧化，例如：

⊙ 防盜感應裝置偵測光線變化，自動啟動照明設備。

⊙ 冷氣機利用紅外線感應室內人的位置、溫度，自動調整風速、風向、溫度。

⊙ 水耕蔬菜工廠，利用感測器偵測並控制環境的：溫度、濕度、亮度。

🔬 5G 通訊

物聯網時代萬物皆聯網,聯網的目的在於資料傳輸,大量資料傳輸需要超大頻寬,除此之外,資料傳遞的延遲必須降到最低,以車聯網為例,若是資料傳遞延遲時間多了一點點,車禍可能就此發生了!

5G 網路資料傳輸速率最高可達 10Gbit/s,比先前的 4G LTE 網路快 100 倍,另一個優點是較低的網路延遲(更快的回應時間),低於 1 毫秒,而 4G 為 30-70 毫秒。由於資料傳輸更快更便利,5G 網路將不僅僅為手機提供服務,而且還將成為一般性的家庭和辦公網路提供商,與有線網路提供商競爭。

通訊科技技術規格的制定一向都掌握在歐美國家手中,也就由專利權主導產業發展,華為就是中國在 5G 領域企圖彎道超車的代表廠商。

2020 年第一季在全球 5G 通信設備市佔率:

廠商	華為	易立信	諾基亞	三星
市佔比	35.7%	24.6%	15.8%	13.2%

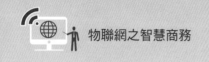

Space X 星鏈計畫

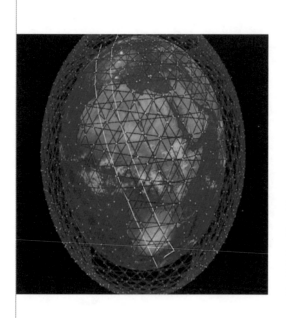
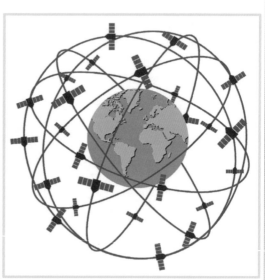

5G 通訊提升了通訊的效能，但對於極地（南北極、深山、峻嶺、大海）通訊並沒有提供解決方案，負責傳遞國際、洲際資訊的骨幹電纜仍是十分昂貴。

SpaceX（太空服務公司）推出 Starlink（星鏈）計畫，在 2020 年代中期之前在三個軌道上部署接近 12000 顆衛星，提供覆蓋全球的高速網際網路接入服務，SpaceX 計劃，整個計劃預計需要約 100 億美元的支出：

⊙ 第一階段：在 550 公里軌道部署約 1600 顆衛星

⊙ 第二階段：在 1150 軌道部署約 2800 顆衛星

⊙ 第三階段：在 340 公里軌道部署約 7500 顆衛星

透過 Starlink 計畫可以達到以下幾個目標：

⊙ 解決偏遠地區無通訊站的問題

⊙ 取代洲際昂貴光纖纜線

⊙ 提供更便宜的都市通訊服務

智慧冷氣：感測→回饋

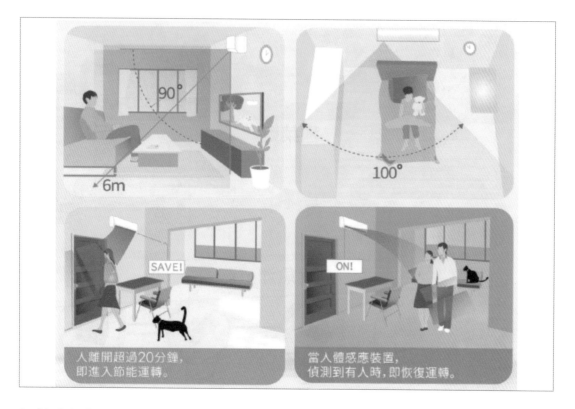

智慧冷氣為何有智慧？有多大的智慧？首先，冷氣必須先具備【耳聰目明】的能力：

⊙ 人體感應器：就能夠判斷室內是否有人、在甚麼位置

⊙ 溫度感測器：控制室內溫度在一定範圍內

一旦具備感知功能，以下智慧功能便一一展現：

⊙ 有人進入室內→啟動冷氣

⊙ 人全部離開室內超過 20 分鐘→關閉冷氣

⊙ 室內溫度提升時→調高冷氣運轉效能

⊙ 追蹤人體位置→調整風向

以後公民教育中：隨手關燈、隨手關冷氣將成為歷史名詞！另外，目前的變頻冷氣，若是短時間內開開關關反而更浪費電，記得！科技進步了，觀念、習慣也必須與時俱進！

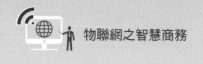
太陽能魚菜共生系統

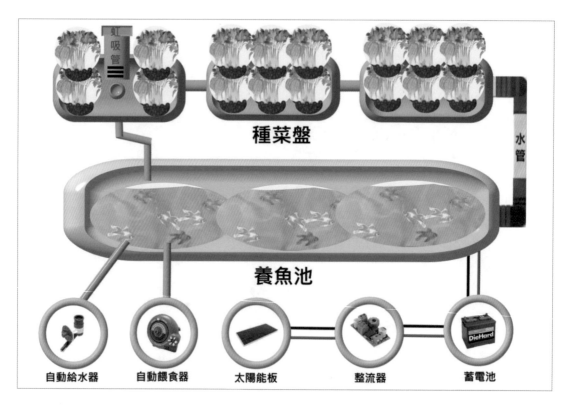

系統是透過智慧物聯閘道器與各個傳感器以及即時監控攝影機組合而成的一套系統，適合節能、監控、永續自然循環的生態系統。

主要監控制項目：溫度、濕度、照明、PH值、二氧化碳，置配置圖如右：

設備連接示意圖

智能電表

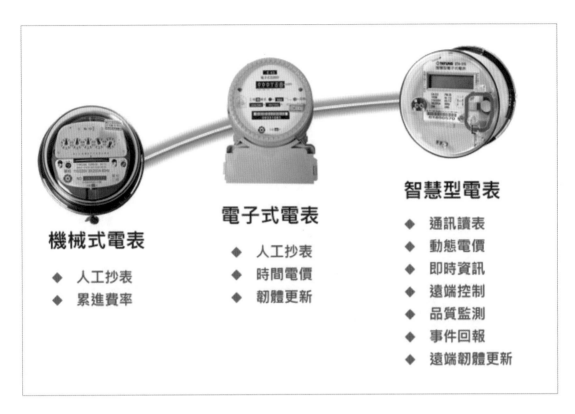

機械式電表
- ◆ 人工抄表
- ◆ 累進費率

電子式電表
- ◆ 人工抄表
- ◆ 時間電價
- ◆ 韌體更新

智慧型電表
- ◆ 通訊讀表
- ◆ 動態電價
- ◆ 即時資訊
- ◆ 遠端控制
- ◆ 品質監測
- ◆ 事件回報
- ◆ 遠端韌體更新

安裝了智能電錶，你可以從電腦、手機 App 看到家裡即時電力消耗的狀況，或許還會加入電費估算的功能，讓你有節電的警覺。不過這種單向的「讀取」，只是智慧電錶的最基本的功能。電錶不僅每個月將用電累計度數傳回給台電，甚至可以讓台電的監控中心看到即時用電狀況，如果是加入「需量反應」計畫，台電也可以在尖峰時間遠端切斷用戶的某些插座電源，以降低區域的整體用電負荷。又或者，台電與能源局蒐集到智慧電錶蒐集到的「大數據」，便可以拿來分析國民的用電習慣，找出未來節電政策的施力點。

智慧電錶本身不會讓你節能，而是鼓勵你去改變行為達到節能的結果，供給、需求是有時間性的，智能電錶【依需求】計費，搭配智慧家電的【依價格】運作，例如：蓄水池夜間抽水、洗衣機晚上洗衣、…，沒有急迫性的用電自然被移動至離峰時間由智慧家電自行啟動，或使用遠端啟動，大大降低尖峰時段電力負荷。

人工智慧

翻攝_AlphaGo_2017官網

人類輸了! AlphaGo勝世界棋王柯潔

人工智慧就是模仿人類思維模式,請注意「模仿」2 個字,AlphaGo 打敗人類棋王的案例說明的只是機器人優越的「運算能力」。

學習下棋 3 步驟	人工智慧 3 個關鍵技術
1:是學習下棋規則	1:強大的記憶能力
2:不斷與他人對弈培養應變思考能力	2:高速的運算能力
3:觀察高手對弈或研究棋譜	3:先進的演算法

有了這 3 個關鍵技術,機器人可以隨時模擬對弈情況,大量閱讀棋譜,在與人類棋王對弈時,高速查閱、模擬千萬個歷史對弈案例,而且機器人謹守規則不會犯錯,因為先天能力的差異,對於這種高度仰賴經驗的遊戲,人類已經無法再與機器人對抗了。

但是對於從未發生過的事,無經驗可查時,人工智慧就不靈了,因此機器人的人工智慧其實就強大資料庫與優異運算能力的展現,然而人類真正的智慧:「創新」,卻是機器人永遠無法「模仿」的。

線上學習

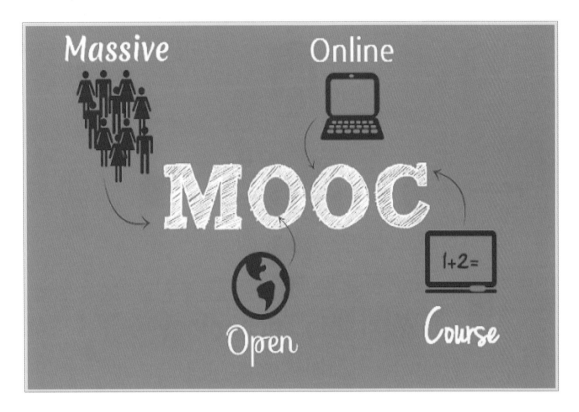

MOOC（大規模開放線上課程）起源於「開放教育資源」與「關聯主義」的思潮，近年來，國際上許多知名教育組織積極投入 MOOC，特點如下：

Open （開放共享）	參與者不必是在校的學生，它是讓大家共享，且絕大多數是免費的。
Massive （可大規模）	傳統課堂設計是針對一小群的學生人數對應一位老師，但 MOOC 的設計，是給來自網路上不特定的參與者，其「學生規模」可以非常龐大。
Online （線上學習）	唯其透過網路，才可以達到如此的開放性、大規模、無遠弗屆。
Course （課程）	雖然免費、不見得有學分，但仍課程架構嚴謹，且要求學習成果，為能追蹤學習進度與成效，因此參與者對擬修習的課程必須先註冊。
Video （影音教學）	採用影音教學是一大特色，也是讓學習有效率的一大因素。

穿戴裝置應用實例

物聯網目前最成熟的應用還是在於【人】，人所涉及的產業也最廣，一大堆的穿戴裝置被廠商開發出來，目前智慧手機大概是應用最為廣泛的，一是功能齊全，二是攜帶方便，但是行進間、運動時、吃飯中、談話時確有許多不方便，因此搭配智慧手機或獨立使用的穿戴裝置便因應而生：

智慧手錶	具備通訊功能，搭配手機使用，對於有戴手錶習慣的人非常方便，充分彌補手機的不方便性，更可量測各項體徵：心跳、脈搏、體溫，是搭配遠距醫療的不錯選擇。
智慧手環	搭配手機使用，是物聯網裝置更是精美飾品，應用於行動支付十分便利。
智慧眼鏡	導航地圖、視訊通話影像直接顯示在鏡片上，鏡架末端就是耳機、麥克風，比手機的操作更為便利、直接，有可能在日後取代手機的應用。

穿戴裝置：商業應用

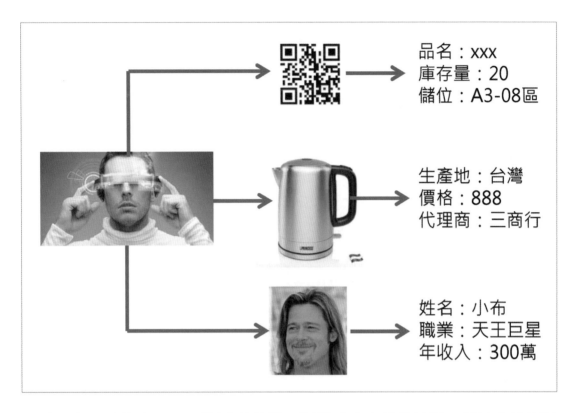

目前逛賣場看的商品，只能透過視覺、觸覺感受商品的品質，對於商品的深度資訊是不瞭解的，但是如果透過手機或智慧眼鏡掃描商品的 QR code，那麼商品的生產履歷就可完整呈現。

在商業用途上：

◎ 接待人員戴上智慧眼鏡，對於上門的顧客進行人臉辨識，馬上獲得客戶背景資料、消費歷史資料，售貨員就有能力進行完全客製化的接待，達到賓至如歸的效果。

◎ 商品盤點時，透過掃描 QR Code 就可獲得儲存櫃位的資訊，快速找到商品。

◎ 客戶購物時，透過掃描 QR Code 就可知道：商品產地、進口商、成分、商品使用方法。

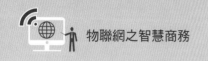
穿戴裝置：娛樂應用

從前打電玩被視為一種很不健康的娛樂：眼睛盯著螢幕、身體僵硬地敲鍵盤滑鼠，長期下來視力受損、筋骨痠痛，但 VR（虛擬實境）、AR（擴增實境）、MR（混合實境）的出現，帶動了體感裝置產業，戴著 VR 頭盔、手持感應裝置，一邊打電玩一邊運動，充分結合體育與娛樂，目前電玩更提升為競技遊戲，不久的將來更會列入奧林匹克比賽項目，台灣 HTC、日本 Sony、美國 Microsoft 是這個產業的領導廠商。

虛擬實境與穿戴裝置的搭配應用除了電玩娛樂，還被大量利用於教學、訓練，例如：飛機模擬駕駛、外科手術模擬、自然生態教學、博物館遠距參觀、…，連書籍、雜誌、報紙都朝電子化演進：文字→圖片→聲音→影像→虛擬實境。

筆者曾玩過一款 VR 遊戲，拿著畫筆在 3D 空間中作畫，在紙上簽名很醜的我，在 3D 空間中簽名居然很有型，原來不是我有問題，是工具不對，生錯了時空！

你再次看到商機嗎？

谷歌（Google）用紙版做的虛擬實境（VR）眼鏡 Cardboard 已漸漸成為一種行銷工具，繼可口可樂在世界移動通訊大會（MWC）期間推出 12 罐裝的包裝可以變身成為 Cardboard 後，瑞典麥當勞也推出把快樂兒童餐盒子變身為 Cardboard 的行銷策略。

麥當勞的這款 VR 眼鏡其實和谷歌的 Cardboard 如出一轍。把麥當勞經典的快樂兒童餐盒子從紅色的「Happy Meal Box」變成「Happy Goggle」，首先盒子要拆開重新摺過，把透鏡塞入盒子，再把手機放進盒子，就是「Happy Goggle」，這是瑞典麥當勞所推出的行銷計畫，為期一週、限量 3,500 個，售價折合約 4 美元。

將科技落實於民生，將科技普及於每個人的生活，這就是行銷創意，這就是商機！

穿戴裝置：智慧手表

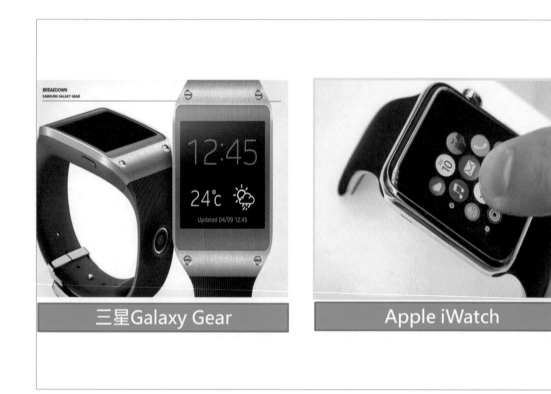

三星Galaxy Gear

Apple iWatch

手錶用以計時，但現在的都會環境下到處都可以看到、聽到時間，所有人離不開的手機當然也具備計時功能，因此現在人戴手錶的原始動機幾乎消失了，手錶變成一種裝飾品，甚至於是一種身分象徵的奢侈品。

但科技卻賦予手錶新生命：【智能】，既然戴在手上，哪能否提供額外的用處呢？手錶比手機更易於攜帶，不會影響雙手的動作，與手臂直接接觸，以上幾個特點，植入物聯網功能後，產生了以下效益：

⊙ 搭配手機使用，在吵雜的環境中，手錶震動讓電話不漏接，在手錶上直接操作 APP，不必取出手機，方便簡捷。

⊙ 記錄身體體徵：健康管理、緊急救援、運動紀錄，這部分的方便性是手機無法辦到的。

傳統手錶廠商因為科技而殞落，Apple 卻利用科技賦予手錶新生命，創新、求變是企業的核心能力。

穿戴裝置：老人照護

失智防走失

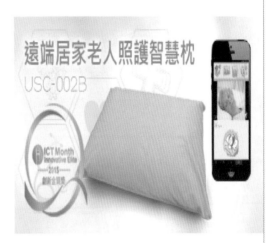

睡眠監控

失智防走失	尚未喪失行動能力的老年人比嬰幼兒的照護更為麻煩，因為有行動能力的老人會四處移動，由於身體健康問題隨時可能發生暈眩、昏倒…等緊急狀況，更可能因為帕森金氏症（俗稱：老年痴呆症）迷路無法回家，定位、呼救系統可以讓年長者在發生緊急狀況時自己按下緊急鈕呼救，或讓家人根據追蹤器訊號找到迷路的年長者，為老人照護提供很棒的解決方案。
老人照護智慧枕	『遠端居家老人照護智慧枕』是以幫助長期照護居家老人問題而產生的產品，在看護人員良莠不齊情況下，子女在外擔心父母是否能獲得妥善照顧，而智慧枕結合網路攝影機，可看見影像並進行雙向語音，夜間老人若有活動異常狀況周邊人可即時緊急協助處理，避免寒冷的秋冬季節晚上發病造成遺憾，對於失能的老人，雖然行動不便但意識清楚，不需要按鈕只需點點頭就能呼叫表達，讓使用者透過簡易的動作辨識，使無法表達的長者也能受到有尊嚴的照顧。

穿戴裝置：嬰兒照護

新生兒是人類延續的希望，但照顧嬰幼兒卻必須耗費大量時間、體力，對於缺乏經驗的年輕父母更是嚴峻的挑戰，因此善用科技產品來育嬰成為時代進步的必然趨勢。

尿液成份分析	古時候的神醫會以觀察排泄物作為診斷的依據，現代的神醫可以透過感測器分析排泄物的成分，進而監測、診斷人體的健康情況，應用在不會說話的幼兒身上更是一舉數得，在尿布中植入可以分析排泄物成分的晶片，並將收集的數據傳入雲端醫療網，長期監控便可有效管理嬰幼兒的健康狀況。
幼兒監控鈕扣	「嬰幼兒睡著時是天使、醒來時是魔鬼」，24 小時的照護讓家長們體力透支，因此必須有效的利用嬰幼兒睡眠時間補充體力、放鬆心情，嬰兒監控鈕扣可以監測心跳、呼吸、哭聲，並將資訊傳送至手機，提醒小孩已經醒了！如此家長就可充分利用時間休息放鬆，迎接下一場戰鬥。

穿戴裝置：眼鏡

谷哥智慧眼鏡

三星智慧隱形眼鏡

很多人因為視力問題戴眼鏡，現在卻有人因為造形設計戴眼鏡，以後將會有更多人因為科技時尚而戴眼鏡！

Google 在眼鏡上植入：攝影機、音效裝置、物聯網裝置，讓眼鏡的鏡片成為螢幕，讓眼睛所看的的視覺、環境的聲音全部進入攝影機，Google Glass 的功能比擬一支全功能手機，但在視覺應用方便性上遠遠超越手機，APP 所有的應用全部由 Google 智慧眼鏡的鏡片、耳機播放出來，It's amazing ！三星更為瘋狂，竟然將主意動到隱形眼鏡上。

還是老話一句：「科技始終來自於人性！」，隱形眼鏡的發明就是因為戴眼鏡的：不方便、不舒適、不美觀，同理類推，帶手機→戴智慧眼鏡→戴智慧隱形眼鏡，就是一個必然的科技進化！

目前 Google Glass 並沒有成功佔據市場，問題不在科技，而是需要更人性化的應用改良，例如：視覺所產生的頭暈問題，操作介面方便性問題，而三星智慧隱形眼鏡也還停留在實驗室階段，筆者相信，時間會解決以上問題！

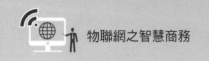

穿戴裝置：智慧衣褲

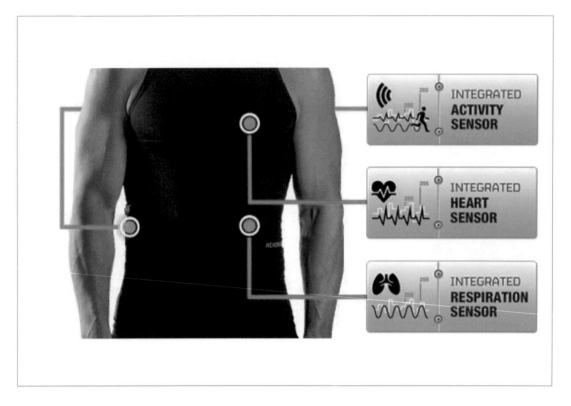

前面提到的穿戴產品似乎都是【外加】的，並沒有絕對的必要性，因此在設計上都偏重在方便性，而衣服雖然也是外加的，卻是文明人的必需品，既然穿衣服是必須的，那就是最理想的物聯網穿戴裝置。

台灣的電子、紡織、生物醫療、通訊產業都有完整產業鏈，物聯網帶來了創新整合應用的嶄新商機【智慧衣】，將電子線路、感測器、發射器融入紡織品中，結合雲端醫療網、社區醫療網、偏鄉醫療網，所創造的是一個難以複製模仿的跨界資源整合。

智慧衣可以感測：心跳、脈搏、體溫、排汗量、汗的成分…，根據不同的需求在紡織品中植入不同的感測器，衣服變成 24 小時全功能體檢裝備，所有身體的訊息透過發射器傳遞至雲端醫療網，達到即時監控。

試想，以前要監測心律不整，必須在身上揹一個笨重的機器 72 小時，之後再將機器送到醫院給醫生判讀，現在…，穿一件智慧衣，醫生直接由雲端取得資料，這就是科技，這就是人性！

習題

( ) 1. 以下哪一個項目是 Internet 第 3 代？

    (A) Internet of Things   (B) Internet of Computer

    (C) Internet of People   (D) Internet of Business

( ) 2. 有關廁所自動化程度由低而高的排序何者正確？

    a. 溝式 b. 水箱式 c. 感應式 d. MTV

    (A) badc   (B) abcd

    (C) dcab   (D) bcda

( ) 3. 第 4 代自動化重點在於物聯網商業應用，也就是以下哪一個項目？

    (A) 智慧判斷應用   (B) 感測器應用

    (C) 網路雲端運用   (D) 機器人應用

( ) 4. 以下哪一個項目不是車輛聯網的主要目的？

    (A) 避免汽車碰撞   (B) 最佳行車路線

    (C) 配合交通號誌   (D) 在車內唱 KTV

( ) 5. 以下哪一個項目不是智慧家電的 3 個 I 之一？

    (A) Incredible   (B) Intelligent

    (C) Internet   (D) Information

( ) 6. 以下哪一個項目是電機電子工程師學會（簡稱 IEEE）於 1997 年為無線區域網路所制訂的第一個標準，這個標準也成為最通用的無線網路標準？

    (A) IEEE 302   (B) IEEE 802

    (C) IEEE 502   (D) IEEE 002

( ) 7. 以下是哪一個對於物聯網無線通訊技術優缺點的分析是錯誤的？

    (A) Wi-Fi 的傳輸速率遠高於其他無線傳輸技術

    (B) Wi-Fi 連線的成本就相對過高

    (C) 藍牙主要是以多點發射傳輸為主

    (D) ZigBee 是一種低傳輸、低功耗、低成本的技術

( ) 8. 對於 IP 互聯家庭項目的敘述，以下哪一個項目是錯誤的？

(A) 讓智慧家庭裝置像 USB 一樣可以隨插即用

(B) 是一個智能家居開源標準項目

(C) 採用 IP 通訊協定整合

(D) 各廠商須支付專利費用

( ) 9. 以下哪一個物聯網功能，可以讓電玩遊戲玩家融入遊戲角色？

(A) 互動效益 　　　　　　(B) 自動啟動

(C) 遠端遙控 　　　　　　(D) 家電整合

( ) 10. 以下對於智慧家居的敘述哪一項是錯誤的？

(A) 上床睡覺模式可藉由床墊感測壓力而啟動

(B) 智慧居家裝置無法接受語音指令

(C) 起床睡覺模式可藉由藉由偵測呼吸頻率而啟動

(D) 居家生活模式設定，讓家變得：聰明、節能、舒適

( ) 11. 以下對於居家保全的敘述，哪一項是錯誤的？

(A) 指紋辨識系統或晶片卡可作為身分辨識

(B) 社區閘門透過辨識系統可認車、認人

(C) 老人昏倒目前無法偵測並處理

(D) 煙霧、溫度有異常情況時，自動通報消防單位

( ) 12. 以下有關物聯網 3 層運作架構的敘述，哪一項是錯誤的？

(A) 感知層類比知覺器官 　　(B) 網路層類比神經系統

(C) 應用層類比大腦 　　　　(D) 架構層類比骨骼系統

( ) 13. 以下有關感測器的敘述，哪一項是錯誤的？

(A) 雷達是利用無線電折射原理

(B) 早期感測器多半使用機械、物理、光學原理

(C) 傳統溫度計是利用水銀熱脹冷縮的物理原理

(D) 傳統指針式體重計是利用重量帶動彈簧等機械原理

( ) 14. 以下有關感測器的敘述，哪一項是正確的？

(A) 水銀體溫計是全自動的

(B) 大量人流使用遠距紅外線體溫量測，完全不影響旅客行進速度

(C) 遠距紅外線體溫計無法發出高溫警示

(D) 遠距紅外線體溫計是半自動的

（　）15. 以下有關現代感測器的敘述，哪一項是錯誤的？

    (A) 倒車雷達偵測距離　　　　　(B) 人臉辨識偵測影像

    (C) 體感遊戲偵測心跳　　　　　(D) 運動手環偵測移動速度

（　）16. 對於 5G 通訊的敘述，以下哪一個項目是錯誤的？

    (A) 是第 5 代通訊

    (B) 資料傳輸速率比先前的 4G LTE 約快 100 倍

    (C) 5G 網路另一個優點是較低的網路延遲

    (D) 騰訊是中國 5G 代表廠商

（　）17. 對於 Space X 星鏈計畫的敘述，以下哪一個項目是錯誤的？

    (A) 5G 通訊對極地提供解決方案　(B) 發射衛星數超過 12,000 顆

    (C) 取代洲際昂貴光纖纜線　　　(D) 解決偏遠地區無通訊站的問題

（　）18. 對於智慧冷氣的敘述，以下哪一個項目是錯誤的？

    (A) 可追蹤人體位置→調整風向

    (B) 隨手關冷氣就是節能的行為

    (C) 室內溫度提升時→調高冷氣運轉效能

    (D) 有人進入室內→啟動冷氣

（　）19. 以下哪一個項目，不是太陽能魚菜共生系統監控的項目？

    (A) PH 值　　　　　　　　　　(B) 二氧化碳

    (C) 噪音　　　　　　　　　　　(D) 濕度

（　）20. 對於智能電表的敘述，以下哪一個項目是錯誤的？

    (A) 可以手機 App 看到家裡即時電力消耗的狀況

    (B) 有電費估算的功能

    (C) 台電可以透過智慧電錶蒐集用電「大數據」

    (D) 使用智慧電錶就可以達到節能的效果

（　）21. 對於人工智能的敘述，以下哪一個項目是錯誤的？

    (A) 人工智慧勢必全面統治人類

    (B) 人工智慧其實就強大資料庫與優異運算能力的展現

    (C) 人類真正的智慧是「創新」

    (D) AlphaGo 打敗人類棋王

(　) 22. 對於 MOOC 特點的敘述，以下哪一個項目是錯誤的？
    (A) Massive 代表大規模
    (B) Open 代表觀念開放
    (C) Online 代表線上
    (D) Video 代表影片教學

(　) 23. 對於穿戴裝置的敘述，以下哪一個項目是錯誤的？
    (A) 可搭配智慧手機或獨立使用
    (B) 手機在行進間、運動時談話時確有許多不方便
    (C) 智慧手環可獨立應用於行動支付
    (D) 智慧眼鏡將導航地圖、視訊通話影像直接顯示在鏡片上

(　) 24. 有關商品 QR Code 的敘述，以下哪一個項目是錯誤的？
    (A) 掃描 QR Code 可獲得儲存櫃位的資訊，快速找到商品
    (B) 掃描 QR Code 可以知道商品生產履歷
    (C) QR Code 可用於所得稅申報
    (D) 掃描 QR Code 無法知道商品成分

(　) 25. 有關虛擬實境電玩的敘述，以下哪一個項目是錯誤的？
    (A) VR = 混合實境
    (B) 台灣 HTC 是這個產業的領導廠商之一
    (C) 電玩競技不久的將來可能會列入奧林匹克比賽項目
    (D) AR = 擴充實境

(　) 26. 以下哪一個廠商將快樂兒童餐盒子設計為虛擬實境眼鏡，獲得廣大行銷效益？
    (A) Burger King
    (B) McDonal
    (C) Pizza Hut
    (D) Uber Eats

(　) 27. 以下哪一個廠商開創智能手錶新紀元？
    (A) 三星
    (B) HTC
    (C) Apple
    (D) Sony

(　) 28. 關於穿戴裝置：老人照護的敘述，以下哪一個項目是錯誤的？
    (A) 讓家人根據追蹤器訊號找到迷路的年長者
    (B) 讓年長者在發生緊急狀況時自己按下緊急鈕呼救
    (C) 智慧枕結合網路攝影機，可看見影像並進行雙向語音
    (D) 失能老人無法自主使用智慧系統是一大遺憾

( ) 29. 關於穿戴裝置：嬰兒照護的敘述，以下哪一個項目是錯誤的？

    (A) 智慧尿布只能發出尿溼警示

    (B) 可在尿布中植入分析排泄物成分的晶片

    (C) 幼兒監控鈕扣可以監測心跳、呼吸、哭聲

    (D) 嬰兒監控鈕扣可以讓家長充分休息放鬆

( ) 30. 關於穿戴裝置：眼鏡的敘述，以下哪一個項目是錯誤的？

    (A) 以後將會有更多人因為科技時尚而戴眼鏡

    (B) 第一個開發智能眼鏡的廠商是 Apple

    (C) 第一個提出智能隱形眼鏡專利的廠商是三星

    (D) Google Glass 失敗退出市場

( ) 31. 智慧衣所整合的產業中，不包含以下哪一個項目？

    (A) 紡織   (B) 通訊

    (C) 航空   (D) 生物醫療

物聯網之物流、運輸自動化

假設一個製程有 3 個作業程序：A → B → C，我們來模擬一下不同程度自動化的作業模式：

手動	A、B、C 作業中每一個步驟都由人力完成
半自動	A、B、C 作業中每一個步驟都由機器完成
	A 與 B 的銜接由人完成，B 與 C 的銜接由人完成
全自動	A、B、C 作業中每一個步驟都由機器完成
	作業中：機器、商品、監控裝置，可以互傳訊息（互相對話）
	A → B → C 的銜接由系統自行完成，不需要人的介入

物聯網之前，物體之間無法互相傳遞、接收訊息，因此自動化只能是機械式的自動化，也就是半自動，然而萬物可通訊後，人的中介角色便消失，全自動化時代來臨了！

產業自動化的需求？

教科書、報章雜誌、八卦評論…，都說科技自動化可以大幅提升生產效益，同時也取代人類的工作，造成失業率，根據這種論點，工業革命前應該是沒有失業率的，歐美先進國家的失業率應該是遠高於未開發國家，但事實呢？工業之都的德國是全歐洲經濟、就業的模範生，全世界創意中心的美國，生產製造業大幅外移的美國扮演著全世界經濟火車頭角色。

經濟學開宗明義就說：「經濟學就是研究以有限的資源，滿足人類無窮的慾望」，有限資源的環境限制不會改變，人類無窮的慾望更是一天天的成長，這是拜科技自動化之賜。取代人類的工作只是個「結果」，原因是生活條件改進後，人們不願意再從事 3D 工作（危險、骯髒、困難），因此 3D 工作的成本提高了！企業為了生存競爭因此引進自動化生產設備，來解決生產力不足的問題。

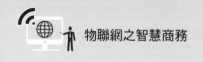

人類智慧 vs. 產業自動化

現代都會人士上班就是：忙、忙、忙…，下班就是：累、累、累，因此速食文化攻佔了上班族的生活，速食店紛紛推出 49 元早餐，跟路邊攤、早餐店搶生意，更推出不用下車即可購物的「得來速」：3 步驟 60 秒完成客戶所有服務作業，這樣的作業流程是不自動、不聰明的！比早餐店的老闆娘遜色多了！改進建議如下：

客戶身分識別	目前得來速的設計只是單純的讓服務速度變快，若要達到服務智慧化，首先就應該在進入車道後，根據車牌辨識技術進行消費者身分辨識。
點餐自動化	根據客戶歷史消費習慣，點餐方式應該可以更自動化、智慧化。
最佳點餐建議	根據客戶歷史消費習慣，搭配目前促銷方案，給予客戶最佳化點餐建議。

物流的重要性

電子商務的發源大概可追溯到 Sears 百貨的創新發明【郵購】，將精美產品目錄寄送給顧客，顧客挑選商品後以電話或傳真方式訂購商品，最後以物流將商品交到顧客手中，擺脫實體店面的傳統消費模式，郵購模式目前還是全球主流購物模式之一。

後起之秀的 Waltmart 採取國際採購的量販平價商品策略，在經濟不景氣時代獲得消費者的認同，這個策略成功的關鍵在於全球運籌，國際物流就是決勝關鍵，再來的 Amazon 開創電子商務，在網站上賣東西，徹底擺脫實體店面後，物流的效率就成為電商業者的核心競爭力。

2016 年 Alibaba 馬雲提出【新零售】，主張 O2O（On-line To Off-line 線上結合線下：虛實整合），並達到 4 個目標：價格更低、產品更好、品類更多、速度更快，當然，決勝關鍵還是物流的整合與運作效率。

以下我們將介紹一些物流產業自動化的應用！

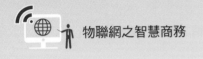
商品管理

使用電腦從事管理作業,第一項工作就是編號:人有身分證號、書有書號、商品有商品編號,零件有零件編號,萬物皆有編號,有了編號才能進行管理。商品管理是商業自動化的基礎,舉凡:入庫、出庫、採購、銷售等商品庫存管理工作都是以商品編號為基礎。

早期對於商品編號的處理,只能用:眼睛看 → 嘴巴讀,盤點時必須拿出每一樣商品讀取標籤上的貨號、填寫盤點表,盤點一個 2,000 件商品的小專櫃都得花上一整天,盤點結果還得再一次輸入電腦,盤點資料正確性還真是有待商榷,這就是使用電腦初期的商品盤點實況。

盤點的演進：品號→條碼→ RFID

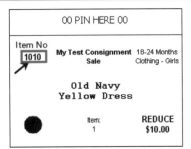

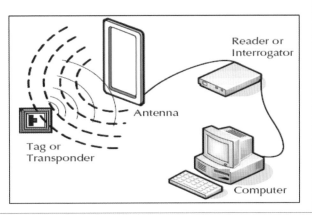

一維條碼： Barcode	將商品編號轉換為粗細不同線條，以條碼閱讀器（Barcode Scanner）掃描讀取編號，一組貨號只要嗶一聲就讀進電腦中，盤點一個 2,000 件商品的小專櫃只需 2 個小時，正確率 100%。 缺點：只能記錄資料量小的商品編號，資料量較大的商品資訊無法存入條碼。
二維條碼： QR Code	是一維條碼的改良版，將粗細線條改為幾何圖形，儲存容量大，應用範圍廣，目前大家最熟悉的就是 LINE 的 ID 掃描。 缺點：必須人工掃描，速度太慢、對於大量資料處理無法達到全自動化。
無線射頻 識別系統： RFID	是一種運用無線射頻電波的自動識別技術，由於是「非接觸式」，不需要一件一件的人工掃描，因此效率高，可達到完全自動化。

RFID 其他商業應用

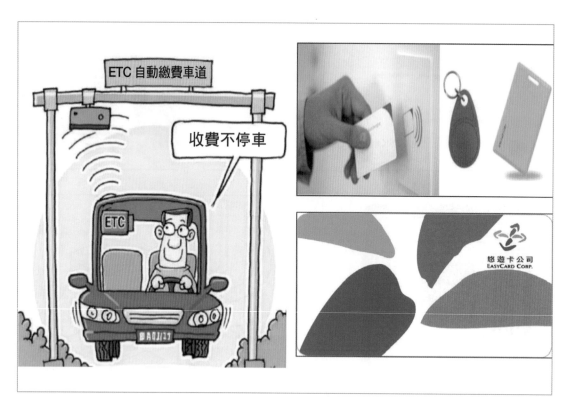

RFID 無線射頻技術目前在生活上有很多應用：

門禁管制	大樓、辦公室、電梯的管制都使用 RFID 技術，以磁扣或磁卡在門禁管制器上刷一下，才能開啟大門或啟動電梯。
電子支付	搭公車、搭捷運、便利商店所需的小額電子支付工具，台灣目前發行量最高的悠遊卡也是使用 RFID 技術。
車輛付費	車輛使用高速公路必須依照里程付費，早期以人工收費站收費，除了耗費人力外，更因排隊收費造成堵塞，目前採用 ETC 電子收費系統，以 RFID 感測技術取代人工收費，大大提升行車效率。

雖然有先進的科技可以使用，但民主社會也尊重人民能有不同的選擇，以 ETC 系統為例，民眾可以選擇安裝或不安裝，因此每一個 RFID 發射器旁都配置一台攝影機，當沒有安裝 ETC 系統的車輛經過時，透過車牌影像辨識一樣可以作為收費的依據，因為民主，所以系統設計的要求更為完整。

科技演進的契機？

改變、創新是一種理想！如何執行、落實呢？

人工盤點進化到 Bar Code 盤點，除了改變工作習慣外，Bar Code 成本是最根本的關鍵，1985 年左右筆者剛進入職場，我的公司是進口高級運動休閒服飾的代理商，公司引進了 Bar Code 系統，整個百貨公司的專櫃小姐都投以羨慕的眼光：「你們是大公司ㄟ！」，因為 Bar Code 的設備與耗材太貴了，只有單價高的產品可以負擔得起，因此無法普及！

現在連飲料、衛生紙、…，幾乎 99.99% 的商品都有 Bar Code，沒有 Bar Code 根本進不了賣場，列印一張 Bar Code 只要幾分錢，整個產業升級到半自動化時代，國際零售巨擘 Amazon、Walmart 為了省下龐大人力費用，便會要求供貨商生產商品時必須列印 Bar Code，台灣廠商導入 ERP 系統也同樣是外商要求下所產生的產業升級。

RFID 可以讓庫存盤點由半自動提升至全自動，「成本」仍然是關鍵因素，降低成本的不二法門：量產！

產業發展關鍵：量 vs. 價格

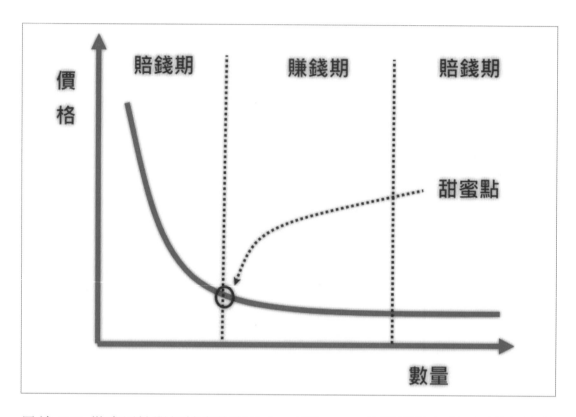

目前 RFID 僅應用於單價較高的商品上，因為 RFID 的單價還太高，因此無法普及，1980 年台灣剛引進一維條碼時也遇到相同的情形，一張條碼 5~10 元，必須以雷射印表機列印，一隻掃描筆 9,000 元，因此僅在高級服飾業採用，隨著生產技術進步，條碼的生產成本大幅降低，目前所有商品都有能力負擔條碼的成本，目前大多數情況都是直接將條碼列印在商品上，達到自動化的要求。

當一個產品處於實驗室階段、初期市場推廣時，因為【量】小，所分攤研發、設備成本就相當高，因此難以普及，較大型的企業就會利用規模優勢，首先進行量產，藉以：壓低成本→降低售價→提高市場接受度。

一旦價格降低至市場能接受的點（價格甜蜜點），整個銷量將會大爆發，企業因此大幅獲利，這時必定吸引其他廠商的投入，漸漸的供過於求，商品進入成熟期，所有廠商進入微利時代。

倉儲自動化

全球化分工之後，全球化企業興起，物流、倉儲也朝大型化、自動化演進，當然最終的考量還是：成本效益、時間效益。

在大型國際物流倉儲中心，貨物的移動、搬運、揀選、貼標、包裝、…，幾乎都已經全面自動化，全面自動化需要龐大的設備投資（全聯 2020 年導入物流自動化系統斥資 200 億），整個系統更新更需要花數年的時間進行作業流程的改革、優化，這是一種資本密集、技術密集的產業投資，所有的小廠勢必退出此產業。

電商時代來臨，物流倉儲的運作效率決定各廠商的優勝劣敗，2 天到貨→ 1 天到貨→市區 4 小時到貨，消費者滿意掛帥的競爭環境下，時間就是金錢，無法走向全自動化的廠商勢必遭到淘汰。

RFID 的庫存管理應用

固定式讀寫器　　讀寫器天線

走動式區域盤點	手持 RFID 讀取器，在倉儲區或商品陳列區內對貨架進行感應盤點。
匝道式入、出庫盤點	在倉儲區出入口閘門架設固定式 RFID 讀取設備，商品進出此閘門就會自動整批一次感應，產生進貨單、出貨單並更新庫存。
貨架固定式閱讀器	在貨架上方裝置固定式 RFID 閱讀器，商品上架、下架閱讀器會自動讀取商品編號，並自動更新貨架庫存資料。
無人機盤點	無人機上配置 RFID 掃描器，在大型倉儲空間中飛行，依照飛行的路線對每一個儲存櫃位進行盤點。

運輸、配送：智慧化

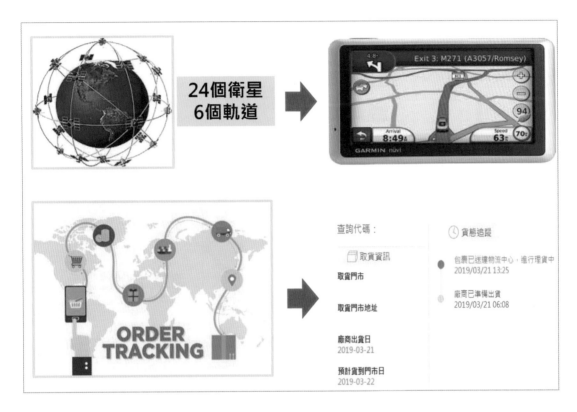

網路上訂購商品、廠商包裹寄送已經是工作中、生活上的常態，商品何時會送達呢？目前在什麼地方？處於甚麼狀態？以前就是癡癡的等，現在透過物聯網，有了包裹追蹤系統！

不管是國際包裹、國內包裹，運送的過程都是透過：大→中→小轉運站集中再分送，最後才寄送到客戶端，過程中會經過許多站點，物聯網時代來臨之前，若要在每一個站點都進行包裹盤點，將會耗費巨大人力，延遲遞送時間，採用 RFID 之後，整車包裹通過通道閘門立即自動感應，完全不需要多餘人力、時間，另外飛機航行中、貨車駕駛中，透過 GPS 衛星監控系統，物流單位隨時掌握運輸工具的位置，如此就構成完整的包裹運送及時歷程供客戶查詢。

目前的 GPS 衛星導航系統已加入智慧化功能，根據最新路況資訊提供貨車司機最佳配送路程規劃，避掉嚴重塞車路段，同時也監控車輛失聯、開小差，大幅提高車隊管理效率。

智慧汽車

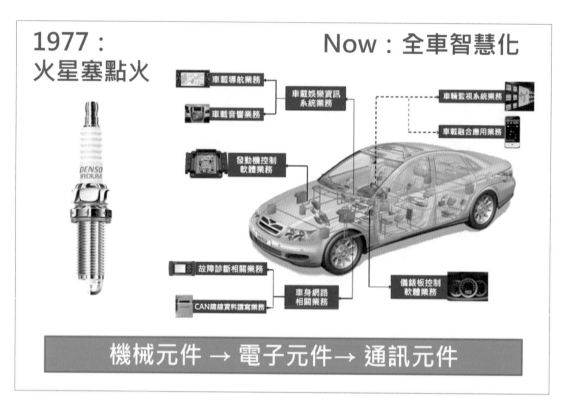

既然談到運輸就一定得說說汽車革命：汽油車→電動車→智能車！

汽油車所代表的是半自動的時代	汽油 + 引擎（機械），Tesla 電動車所帶來的是：電力 + 馬達（電機），這個轉變讓許多機械零件消失了，例如：化油器、潤滑油系統、冷卻器、…，同時也增加大量電子零件，例如：中控大屏幕、指紋開鎖、…，既然車子的零件多數轉換電子零件，若在電子零件上增加通訊功能…，嘿嘿嘿！車內每一個電子元件都能互相對話，那不就是車內物聯網嗎？再加上程式自動控制…，不就是智慧化嗎？
Tesla 電動車所產生的表面效應是	汽油引擎→電力馬達，許多華爾街分析師一再唱衰 Tesla 的基本論調也都立論於：「傳統車廠憑藉強大製造能力、財力、通路，將秒殺 Tesla」，結果…，Tesla 已成為全世界市值最高的車輛公司，就如同當年 Apple 智能手機幹掉世界霸主 Nokia 一樣，記得！Tesla 所引發的變革在於【智能化】。

車內網：車輛零件之間連線

汽車輪胎胎壓不足容易產生行車危險，因此開車前必須檢查胎壓，一般人使用目測法，到維修廠就使用胎壓偵測器，但如果車輛行進時胎壓異常怎麼辦呢？有人動腦筋將胎壓偵測器安裝在輪胎上，並加上無線通訊功能，當輪胎胎壓異常時，偵測器就將訊號傳送至車內，然後警報器就嗡嗡作響，提醒駕駛人停車檢查，這就是車內物聯網最實務的應用，目前台灣新車出廠已將胎壓偵測器列為法定裝備。

進入 Tesla 電動車內，最引人注目的就是一個中控大螢幕，然後就是：手動按鍵、旋鈕消失了，幾乎所有車上的功能都藉由中控大螢幕來操作，例如：音響、冷氣、前置物櫃、後車廂、自動巡航、自動導航、電話撥打、音樂播放，甚至於不用觸動螢幕，以聲音控制亦可。

更誇張的是，當智慧化系統有功能更新時，不必回廠，以 OTA（Over-the-Air Technology）即可連線下載更新，車子的系統更新居然做到跟手機一樣，Tesla 就是汽車界的 iPhone。

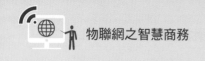
TESLA 哨兵模式

車子行進間發生車禍，由於多數車子都安裝行車紀錄器，因此調出影片便可處理爭端，界定責任歸屬，但在車輛引擎停止狀態下，行車紀錄器是關閉的，就算是開啟，攝影鏡頭只有一個，只能捕捉前方的視角。

Tesla 電動車為提供 Autopilot（自動駕駛）功能，因此在硬體基本架構提供 8 個攝影鏡頭及數個感測裝置，2019 年 Tesla 智能化系統更新提供一個功能：哨兵模式，當車輛完全熄火時，車子的感測器是開啟的，並與車主手機連線，當有人或物體靠近車輛時，車輛就會切換至警戒狀態：開啟攝影鏡頭、開汽車燈、發出警報訊息給車主，當愛車被人意外或蓄意破壞時，全方位 8 個攝影鏡頭將讓肇事者難以遁形。

親愛的讀者們！這樣的功能對於車輛保險產業有何影響呢？

車際網：車對車、車對交通號誌連線

車禍的發生，多半肇因於肇事駕駛人沒有及時發現前方的車輛或行人，因此產生碰撞，若車輛可以自行發出：位置、行進方向、車速等資訊，並可接收其它車輛所發出的資訊，就可透過智慧化系統完全避免車輛碰撞，透過前方車輛資訊，後車可以開啟跟車模式，不但可以輕鬆駕駛更可達到節能的效果，根據筆者多年駕駛經驗，多數的交通雍塞不是因為交通事件，而是駕駛人忽快忽慢的駕駛行為所造成，一車煞車就造成後面車陣連環煞車，輕則堵塞重則發生碰撞，透過車聯網智慧系統，塞車時多了理性少了火氣，交通自然順暢。

若車輛與交通系統連線，前方交通號誌的狀態就會讓車輛提前調整車速，路段車流資訊更可提供最佳行車路徑規劃，各路段天氣資訊（暴雨、下雪、大霧）更是交通安全重要資訊。

當然，行人也必須可以發出訊號讓車輛識別，目前的手機幾乎是人手一機，而且機不離身，因此人車聯網絕對沒問題，日後可能就是在人體植入晶片，這絕對不是科幻片！

車輛輔助駕駛系統

自動停車

車載導航

設定車速　設定車距
自適應巡航

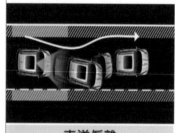
車道偏離

換車道

防撞警示

車輛自動駕駛是車輛智能化的終極目標，必須不斷的研發、技術提升、大數據機器學習的積累，但研發的過程中，許多單一功能的輔助駕駛系統被開發並應用，我們就介紹以下 5 種功能：

自動停車	這是需要中等以上技術的，對於某些駕駛人有迫切需求。
自適應巡航	駕駛人設定速度、前方車距後，駕駛人不必踩油門，車輛將自動調整車速，讓長途開車變得輕鬆許多。
車道偏離	聊天分心、精神不濟都可能讓行進中的車子不自覺地偏離車道，造成交通事故，警示系統會自動修正方向並發出警訊。
換車道	車輛變換車道時，使用後視鏡觀察會有盲點、死角，透過雷達偵測、全車攝影鏡頭，將可完全避免碰撞。
防撞警示	偵測與前車的安全距離，隨時調整車速，避免因疏忽會突發狀況產生的碰撞。

自動駕駛安全等級

目前自動駕駛 5 等級是根據國際自動機工程師學會與美國國家公路交通安全管理局，根據不同程度的駕駛輔助至完全自動化駕駛的程度編修而成，設計理念是以『誰在做，做什麼』的 5 類分級如下：

等級 0	即完全無自動、輔助功能，完全需要駕駛全程操控。
等級 1	需由駕駛者自行操作車輛，但【個別的裝置】有時能發揮作用，幫助行車安全與減低駕駛疲勞。
等級 2	駕駛者主要控制車輛，但車輛上的【輔助系統能】發揮作用讓駕駛明顯減輕操作負擔。
等級 3	車輛在大部分情況下自行駕駛，但駕駛者需隨時準備控制車輛。
等級 4	駕駛者可在條件允許下讓車輛完整自駕，一般不必介入控制。
等級 5	完全自動駕駛。

 車聯網：無人駕駛

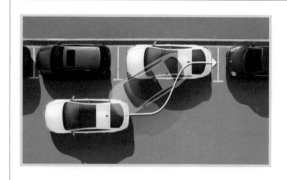

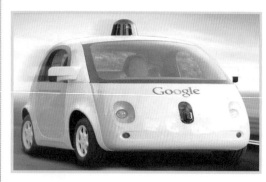

人、車 → 安全、效率？

法律衝擊、車禍賠償？

車的價格 vs. 保險價格？

人會被禁止開車？

受益產業

受害產業

自動駕駛是科技問題，因此訂出了 L0~L5 的技術規範，同時卻也是法律、道德問題，這時就有理說不清了：

⊘ 自動駕駛無法達到 100% 的安全性！

　莊孝維：人類駕駛有被要求安全性 100% 嗎？

⊘ 自動駕駛若發生事故誰該負責任？

　莊孝維：人開車發生事故不是一樣有交通仲裁嗎？

自動駕駛雖然無法達到 100% 安全性，但根據統計數字，安全性比人類駕駛高出太多，所以當技術成熟後採用自動駕駛是必然的選擇，以上兩個問題都是無病呻吟，政府需要作的是立法與執行，審慎制定車輛自動駕駛的規範，並立法界定事故發生的責任歸屬，讓企業投資、人民生活、政府執法都有遵循的依歸，這將會是又一次的產業革命。

無線充電

現代家庭中電器設備一大堆，電線插頭更是七纏八繞，有線就是麻煩，筆者購買了 Dyson 充電式吸塵器之後，瞬間感覺打掃工作是輕鬆快樂的，因為無電源線因此不必在各房間移動時受到牽絆，不用拔插頭、插插頭、拉線，太方便了、太有效率了，我的生活回不去了！

由有線電話進入到手持無線電話後，幾乎所有消費者都回不去了，一邊移動一邊做家事還一邊講電話，真是方便極了，有了手機後，到了街上繼續講，市內電話也漸漸被多數家庭取消或備而不用了，這就是【無線】的方便性。

【有線→無線】代表的是由半自動進入到全自動的巨大里程碑，手機的無線充電已經實現了，將手機隨意放入無線充電區域內，手機就會自行利用電磁感應方式充電，不需要再使用連接線，車輛的無線充電當然也是必然的趨勢，在停車位下方裝置無線充電裝置，駕駛人只要將車停泊於充電區上方即可自行充電，這是科技也是產業發展的必然趨勢，我們所需要的只是時間，讓技術的實用性更為成熟、價格更為親民！

電動車充電解決方案

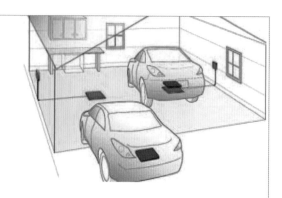

禁售燃油汽車時間表

2040：法國、英國、台灣
2030：德國、印度
2025：挪威、荷蘭、中國

汽油車必須加油才能行進，因此無論偏鄉、都會，只要有路的地方就有加油站，而電動車呢？需要充電站，因此人們第一個直覺的解決方案，就是在現有的加油站附設充電站，這是一個錯誤的邏輯思考，汽車必須去加油站加油是因為家中或一般公共場所不適合建立儲油槽，會構成公共安全問題，但在家中或公共區域設立充電樁卻非難事，唯有提供方便的充電裝置，電動車才有可能普及，目前歐盟已立法規定新建築物必須提供電動車充電裝置，舊建築物也必須於 5 年內改進增設。

Tesla 目前在全球各地廣設超級充電站，與高級飯店、商場合作設立，達到 Tesla、企業、電動車主 3 贏的局面，超級充電站 15 分鐘即可充電 250 公里行程，續航能力也已超過 1,000 公里，旅程焦慮也成為歷史問題了！

另一項更激進的法令是禁售燃油車，目前挪威、荷蘭是 2 個最進步的國家，已經頒布 2025 年禁售燃油車法令，標示燃油車即將走入歷史，而台灣實施的時間訂在 2040 年，擺明的是以拖待變，唯有靠民間企業自立自強。

無人車隊

大陸型國家如美國、加拿大、大陸或歐盟，由於幅員遼闊，陸地運輸除了超遠距離的幹線運輸採用火車外，其餘的多半仰賴大型卡車車隊，因為卡車提供點對點（Door to Door）的便利性。

每一部燃油卡車需要一位司機，而且白天開車晚上必須休息，因此成本相當高，到了電動→智能卡車時代，目前的無人駕駛技術雖無法做到 100% 成熟，但後車跟前車的技術卻絕對沒問題，因此出現了：

⊙ 第 1 個假設：一個車隊只需要第一部車有駕駛，其餘的可以無人駕駛
  目前遠距遙控技術非常成熟，因此出現了：

⊙ 第 2 個假設：司機只需要坐在行車控制中心，看著螢幕駕駛卡車即可
  一個司機藉由系統協助可以管控多個螢幕，因此出現了：

⊙ 第 3 個假設：一個司機可以坐在行控中心操控數個車隊，司機可以輪班，車子只要續航力足夠可以不用休息！

以上的假設絕對合理，絕對會成真，因為提供了巨大的商業利益！

討論：最後一哩路方案？

物流配送的最後一程：送抵客戶家，是整個行程中最沒效率，但卻是最重要的，目前大多以卡車運送，若在都會區則有巷弄間停車不便的問題，若在偏鄉則有距離遙遠問題，目前物流大廠紛紛提出以無人機送貨的解決方案：

方案 1	無人機飛行距離可達 10 公里，物流中心方圓 10 公里的範圍可實施此方案。
方案 2	以便利商店為小型物流中心，以無人機配送便利商店方圓 10 公里的範圍。
方案 3	以幹線火車為物流倉儲中心，火車開到哪，無人機就跟著飛到哪，可以包覆火車沿線。
方案 4	Amazon 研發以飛船作為空中倉儲的解決方案，飛船可停泊在空中或自由移動作為活動倉儲中心，小型載貨飛機將貨物由地面送至飛船，再由飛船上的小型無人機將每一件商品配送至客戶處。

日本偏鄉物流解決方案

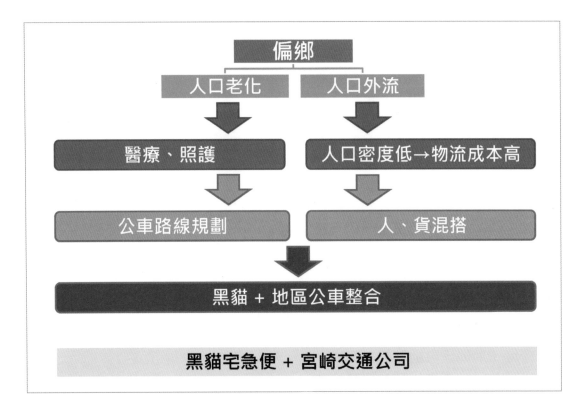

日本的產業發展、城鄉變化與台灣非常相似，但比台灣提早了 20 ～ 30 年，因此日本經驗十分值得台灣借鏡。

工、商業發展的後遺症就是偏鄉人口流失，剩下的只有老人、小孩，因此衍生許多問題，物流配送也是其中問題之一，偏鄉因為人口密度低，因此運輸配送不敷成本，因此日本黑貓宅急便便與在地公車業者、地方政府合作，提出以下 2 個方案：

- 載人 + 載貨：公車上載人也載貨，提高公車使用效益。

- 送貨 + 訪視：送貨的同時，執行偏鄉老人訪視的工作

以上 2 個方案可說是：公車業者、政府、黑貓、偏鄉老人 4 贏的策略。

科技可以提升效率，而資源整合可以讓資源更有效應用，兩者互為表裡，或許有一天，黑貓宅急便的送貨訪視人員是：會飛的機器人，將貨送到後，進入老人家中，開啟視訊讓社福人員與老人進行對話，這一切都在默默地進行中…！

習題

( ) 1. 有關於自動化的敘述，以下哪一個項目是錯誤的？
(A) 所有程序由人所完成稱為手動
(B) 中間步驟由人作銜接稱為半自動
(C) 完全不需要人的介入稱為全自動
(D) 物聯網時代仍處於半自動化

( ) 2. 有關於產業自動化的敘述，以下哪一個項目是錯誤的？
(A) 失業率提高是自動化所造成的
(B) 自動化提升人類物質需求的滿足
(C) 自動化解決生產力不足問題
(D) 政府引進外勞是解決生產力不足的方案之一

( ) 3. 有關麥當勞得來速的敘述，以下哪一個項目是錯誤的？
(A) 3 步驟 60 秒完成客戶所有服務作業
(B) 是一種全自動化服務
(C) 缺乏自動點餐功能
(D) 缺乏最佳點餐建議功能

( ) 4. 有關電子商務的敘述，以下哪一個項目是錯誤的？
(A) Waltmart 採取國際採購的量販平價商品策略
(B) Sears 百貨的創新發明郵購
(C) 新零售主要核心是網路販售
(D) Amazon 是網站上賣東西的始祖

( ) 5. 有關商品管理的敘述，以下哪一個項目是錯誤的？
(A) 編號是一切商品管理的根本
(B) 東西入庫前一定要先編製商品編號
(C) 人工盤點的錯誤率偏高
(D) 全自動化商品管理是不需要商品編號的

( ) 6. 有關盤點工具的敘述，以下哪一個項目是錯誤的？
(A) 一維條碼可包含大量資料
(B) LINE 的 QR Code 屬於二維條碼
(C) RFID 稱為無線射頻辨識系統
(D) RFID 盤點可以達到全自動化

( ) 7. 有關高速公路 ETC 收費系統的敘述，以下哪一個項目是錯誤的？

(A) 人工收費被廢除了

(B) 沒有安裝 ETC 的車輛無法使用高速公路

(C) ETC 系統是 RFID 的一種應用

(D) 使用 ETC 系統達到收費自動化

( ) 8. 有關產業升級的敘述，以下哪一個項目是錯誤的？

(A) RFID 目前普及度不高主要是因為成本太高

(B) 台灣產業升級外商扮演重要角色

(C) 台灣的產業升級都是廠商自發性的

(D) 條碼盤點屬於半自動化

( ) 9. 有關產業升級的敘述，以下哪一個項目是錯誤的？

(A) 量是產業升級的關鍵因素

(B) 必須達到價格甜蜜點商品才會普及

(C) 商品進入成熟期即是微利時代

(D) 產品在推廣初期利潤特高

( ) 10. 有關倉儲自動化的敘述，以下哪一個項目是錯誤的？

(A) 中國倉儲產業採人海戰術效率奇高

(B) 倉儲朝大型化、自動化演進

(C) 是一種資本密集、技術密集的產業投資

(D) 物流倉儲的運作效率決定各廠商的優勝劣敗

( ) 11. 有關 RFID 盤點的敘述，以下哪一個項目是錯誤的？

(A) RFID 是感應式

(B) 無人機飛行盤點是不可行

(C) 整批貨物可在瞬間自動盤點完畢

(D) 是一種全自動盤點

( ) 12. 有關運輸、配送智慧化的敘述，以下哪一個項目是錯誤的？

(A) 物聯網時代才有包裹追蹤系統

(B) 透過 GPS 衛星監控系統掌握運輸工具的位置

(C) 包裹追蹤系統是使用條碼，效率高於 RFID

(D) GPS 衛星系統由 24 顆衛星組成

( ) 13. 有關智慧汽車的敘述，以下哪一個項目是錯誤的？

    (A) TESLA 是領導廠商

    (B) TESLA 所引發的變革在於智能化

    (C) TESLA 是目前全世界市值最高的車輛公司

    (D) TESLA 所帶來的是能源革命

( ) 14. 有關胎壓偵測器的敘述，以下哪一個項目是錯誤的？

    (A) 屬於車際網的一種應用

    (B) 台灣新車出廠已將胎壓偵測器列為法定裝備

    (C) 安裝於輪胎上

    (D) 具有無線傳輸功能

( ) 15. 有關 TESLA 哨兵模式的敘述，以下哪一個項目是錯誤的？

    (A) 硬體基本架構提供 8 個攝影鏡頭

    (B) 車輛引擎停止狀態下，車上的感測器是關閉的

    (C) 可偵測路人的可疑行為

    (D) 會全程錄影外界異常狀態

( ) 16. 有關車際網的敘述，以下哪一個項目是錯誤的？

    (A) 車跟車之間可互傳訊息

    (B) 車跟交通號誌可互傳訊息

    (C) 塞車都是因為事故所造成

    (D) 跟車模式可提高行車效率

( ) 17. 有關車輛輔助駕駛的敘述，以下哪一個項目是錯誤的？

    (A) 自動駕駛是車輛智能化的終極目標

    (B) 車輛變換車道時，使用後視鏡觀察會有盲點、死角

    (C) 防撞警示可讓車輛保持距離

    (D) 自適應巡航系統駕駛人仍然必須踩油門

( ) 18. 有關自動駕駛安全等級的敘述，以下哪一個項目是錯誤的？

    (A) 共分為 4 個等級

    (B) 等級 3：車輛在大部分情況下自行駕駛

    (C) 等級 0：需要駕駛全程操控

    (D) 等級 2：輔助系統能明顯減輕操作負擔

( ) 19. 有關無人駕駛的敘述，以下哪一個項目是錯誤的？

(A) 根據統計數字，自動駕駛安全性比人類駕駛高出太多

(B) 自動駕駛無法達到 100% 安全性，因此不可採用

(C) 政府需要作的是立法與執行

(D) 立法是產業發展的根本

( ) 20. 有關無線充電的敘述，以下哪一個項目是錯誤的？

(A) 目前手機已可無線充電

(B) 有線→無線：由半自動進入到全自動

(C) 汽車無線充電是不可能的

(D) Dyson 吸塵器是充電式

( ) 21. 有關電動車的敘述，以下哪一個項目是錯誤的？

(A) 目前電動車續航能力已超過 1,000 公里

(B) 歐洲是電動車產業發展最積極的地區

(C) 台灣目前沒有積極的電動車產業政策

(D) 充電樁設在加油站是最理想的

( ) 22. 有關無人車隊的敘述，以下哪一個項目是錯誤的？

(A) 無人車隊的想法是不可能實現的

(B) 卡車比火車方便式因為提供點對點的便利性

(C) 目前以人駕駛卡車的作法成本很高

(D) 未來的無人車隊就跟電玩操作一般

( ) 23. 有關運輸最後一哩路的敘述，以下哪一個項目是錯誤的？

(A) 無人機是目前可行方案

(B) 以飛船作為空中倉儲的解決方案是 Alibaba 提出的

(C) 便利商店可作為小型物流中心

(D) 目前無人機飛行距離可達 10 公里

( ) 24. 有關日本偏鄉物流解決方案的敘述，以下哪一個項目是錯誤的？

(A) 工、商業發展的後遺症就是偏鄉人口流失

(B) 方案 1：載人 + 載貨

(C) 方案 2：送貨 + 送餐

(D) 4 贏指的是：政公車業者、政府、黑貓、偏鄉老人

物聯網之商務創新

為什麼以前不可以，現在就可以！中間一定發生了關鍵的巨大轉變，每一次的改朝換代、產業革命中，都是發生了巨大變革！

無線通訊用於人，造就了行動商務，而無線通訊用於物品，我們在上一個單元介紹了很多商業自動化的應用，本質上只是效率提高了，方便性提升了，滿意度變高了，本單元要探討的是【創新商業模式】！

【創新商業模式】所要探討的是一個較大的架構、產業，甚至是無中生有，由 0 到 1 的巨大變化！美國是目前全球創新的根據地，矽谷更是創新的搖籃，賈伯斯所創立的 Apple 是近代創新的代表，目前 2 個後起之秀：貝佐斯所帶領 Amazon、伊龍瑪斯克所帶領的 TESLA，目前這兩個企業正在改變世界，後面許多案例也都來自於兩個優秀的創新企業與 CEO。

變動的市場：日本汽車崛起

1973、1979石油危機

1908 年，福特 T 型車下線量產，美國底特律逐漸成為世界汽車工業之都，生產的汽車以豪華大排氣量為主，因為當時汽油便宜，美國經濟強勁，二次大戰後，日本汽車工業逐漸崛起，但日本的能源幾乎 100% 仰賴進口，又是一個地狹人稠的國家，因此以生產小排氣量汽車為主，日本小車外銷到美國，這樣的小車被評價為：低階、不安全、不氣派，市場上乏人問津。

1973、1979 兩次全球能源危機，汽油價格飆漲，美國經濟大崩跌，美國人儘管不喜歡日本小車，但日子不好過的時候，省油就是王道，日本小車一夕成為熱銷商品，日本汽車工業也正式超越歐美，成為全球汽車王國。

能源危機 → 汽油價格飆漲 → 省油小車崛起，若油價又大幅下跌呢？消費者當然又轉向豪華大型車，也沒有廠商願意投入省油引擎的研發，所以能源危機更是某些產業的轉機！

2002 年中國爆發 SARS 疫情，並擴散至全球，人人懼怕被傳染，因此遠距視訊會議系統趁勢崛起，因此重大危機＝巨大商機！

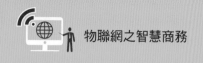

變動的市場：電動車崛起

溫室效應→極端氣候

燃燒廢氣排放產生溫室效應、地球臭氧層破洞，引發極端氣候！產生以下兩個最基本的影響：

- ⟩ 全球溫度上升，北極冰山溶解，北極熊瀕臨滅絕，海島小國將被淹沒。

- ⟩ 極端氣候頻率加劇，全球天災不斷，災情更為嚴重。

因此全球發起節能減碳運動，聯合國於 1997 年達成《京都議定書》，使溫室氣體控制或減排成為已開發國家的法律義務。

汽油車的廢氣排放是廢氣排放的主要來源之一，因此新能源車的研發被寄以厚望，但全球的大車商都發大財，都是既得利益者，缺乏創新求變的動力，因此新能源車的研發牛步化！

TESLA 是一家新崛起純電動車廠，完全沒有歷史包袱，是全球第一家量產的純電動車公司，目前席捲全世界，輾壓全球大廠，車輛產業將重新洗牌！再一次證明：巨大危機 → 巨大商機！

變動的市場：電商崛起

實體商務最大問題在於：時間、地點、距離的約束，因此商業運作效率無法大幅提升，電子商務解決了以上 3 個束縛，在網路上買、賣東西，網路商店可以 24 小時營業，連上網路後距離縮短至彈指之間，不再需要租金昂貴的金店面。

這一切都仰賴資訊科技的不斷演進：

Internet　→　　WWW　　→　Wireless　→　Mobile Device　→　Social APP

互聯網　→　全球資訊網　→　無線通訊　→　　行動裝置　　→　社群軟體

但科技解決不了所有的商務問題，購物除了單純的物質滿足外，更是一種體驗、生活、休閒、…，因此電子商務 2.0 版問世了！ O2O 虛實整合：

⊙ 網路引流：資訊搜尋、傳遞、比較。

⊙ 實體消費：商品體驗、尊榮服務。

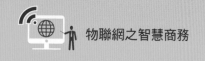

科技改變生活

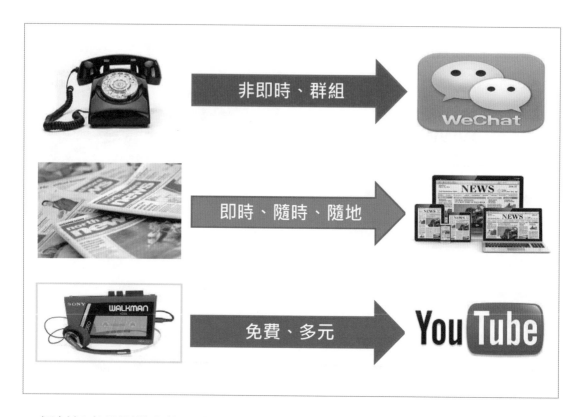

一個創新產品問世之後，會經過一段發展期 → 成熟期，期間產品會不斷地改良：功能更強大、品質更穩定，但是…很遺憾的，一旦市場上又出現可以取代原產品的創新發明，原產品就會無情地遭到淘汰！

- ⊙ 有線電話 → 無線電話 → 手機 → 智能手機 → 通訊 APP
- ⊙ 報紙 → 收音機新聞 → 電視新聞 → 網路新聞 → 新聞 APP
- ⊙ 電唱機 → 收音機 → Walkman → 網路音樂 → YouTube

以上 3 種產品一開始都是漸進式、部分取代舊商品，一旦進入行動商務時代，實體商品全部被殲滅，網路通訊採取吃到飽收費模式，網路新聞、網路音樂更是免費，只須忍受小小的騷擾：廣告。

年輕世代從小接觸 3C 產品，對於網路世界的新產品、新服務、新商業模式都很自然地接受了；反過來，銀髮族也很認真的學習 3C 產品的使用，社區大學、教會課程都在推廣手機的使用，因此，再也回不去舊社會、舊產品、舊服務了！連老人家都天天上網、用 FB 分享生活、用 LINE 聯絡親友、用 YouTube 聽音樂、追劇，時代確實改變了！

科技始終來自於人性 -1

工業革命開啟了人類生活的巨變，一次又一次的產業革命，產品研發日新月異，真可謂是一代新品換舊品，今日市場的寵兒，明日卻成市場的棄婦，市場的淘汰快速又有效率！

影、音、娛樂產品可說是近 30 年來變動最大產業，因為這個產業有一項特質：數位化。網際網路、行動裝置的崛起，讓這個產業的數位化產生極大的產值，媒體、資料在網路上傳送的費用極低、速度極快，因此這個產業迅速產生質變，一支手機取代了千百種電子裝備，雲端資料庫更取代了個人儲存裝置，個人資料、個人喜好、個人朋友圈、…，全部存放在網路上。

行動裝置（手機）主宰了我們生活的全部，為什麼呢？便利、便利、便利，因為很重要所以要說三次，仔細想想…，你生活的哪一個環節可以離開手機？

科技始終來自於人性 -2

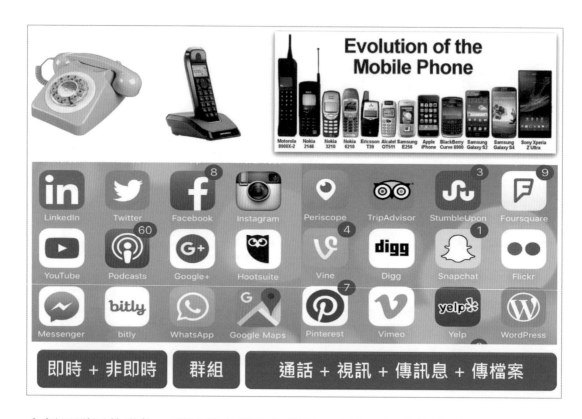

人類是群居的動物，群居就必須互相溝通、交流，但由於交通工具發達，人的移動範圍越來越大，人有了距離之後要溝通、交流就會產生困難！

電話的演進由有線演變為無線，可說是一個重大的進展，手機可以帶著走，隨時、隨地都可溝通，但還是侷限於一對一或是團體的即時聯繫。

社群 APP 的出現可說是劃時代的產品，可以將一群人圈在一起，一條訊息可以一次就通知一群人，訊息傳遞採取非即時方式，接收人有空再看，視訊電話更大大降低距離感。

回想一下，以前要開同學會，得打電話通知 50 個人，最起碼 100 通電話才能搞定，現在建一個群組，發一條訊息，全部搞定。以前小孩出國留學，全家人眼淚鼻涕齊飆，一幅生離死別的畫面，現在全家人分居全球各地，隨時透過視訊噓寒問暖，透過訊息、社群平台分享生活點滴，絲毫沒有距離感！

科技始終來自於人性 -3

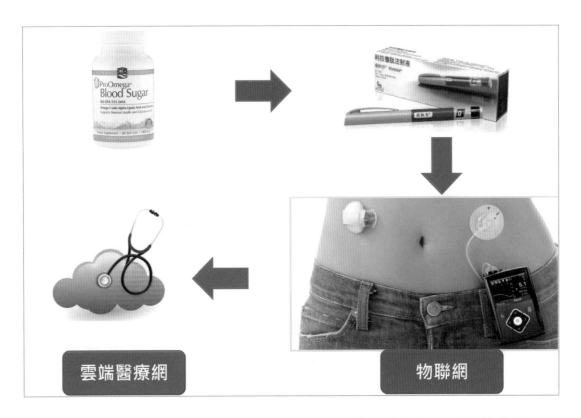

糖尿病患者要定時吃藥控制血糖，藥吃多了加重腎臟負擔，因此藥廠研發了注射型藥劑，對於患者來說是一大福音，因此目前醫師大多鼓勵患者將口服藥改為注射。

不論是口服或是注射，藥劑量都是固定的，必須等到下一次門診，由醫師評估數據後才再次調整藥量，而且醫師或患者所量測的數據都只是某一時點，難以對身體狀態進行全時監控。

物聯網時代來臨，萬物皆可聯網，將微小的針頭探測器埋於皮下組織，隨時監控患者血糖濃度，自動調整注射藥劑量，更將患者體徵資訊即時傳送到雲端醫療網，一旦數據出現巨大變化，醫師、患者都可即時接收到來自醫療管理系統的警訊，讓醫生、患者有充足的應對時間，將急救醫療轉變為預防醫療，對於意外發生的控制有極大的效果！

科技始終來自於人性 -4

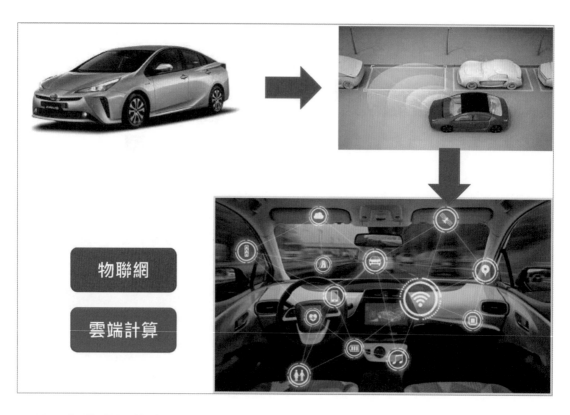

又是一個物聯網的應用，汽車輔助駕駛 → 自動駕駛，在車子上裝置攝影鏡頭，就如同駕駛的眼睛，TESLA 車上前後左右有 8 個環景攝影機，提供車體周圍 360 度的視角，範圍可達 250 公尺。再加上 12 個超音波感測器更能輔助視野，能偵測硬物與柔性材質的物體，透過強大 GPU 運算能力，判斷各種路況更做出即時駕駛決策。

目前自動駕駛僅實現到 L2~L3 等級，距離完全自動駕駛的 L4 等級還有一些距離，但輔助駕駛的部分，例如：自動 Parking、盲點偵測、高速公路自動駕駛、…，都已相當成熟。

自動駕駛是科技與經驗的搭配：

科技	物聯網的不斷成熟，人工智慧的進步，GPU 運算能力不斷提高。
經驗	車輛行駛時不斷蒐集行車資料，並將資料傳送至雲端資料庫，每天百萬輛 TESLA 在路上跑，便是不斷累積駕駛經驗，筆者相信，100% 無人駕駛不遠了！

科技始終來自於人性 -5

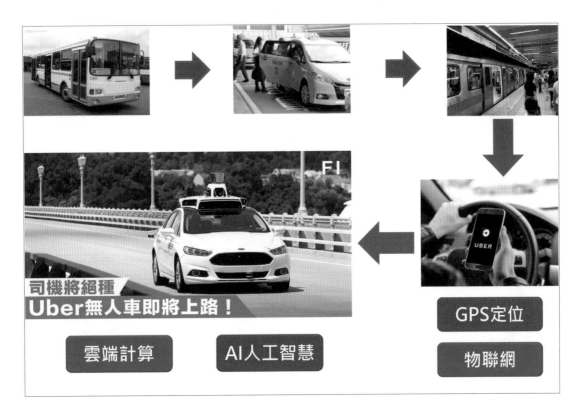

大眾運輸：公車 → 計程車 → 捷運，進步持續進行，但仍然有極大的進步空間！

公車	等公車，等多久呢？遇到脫班的情況，簡直等到抓狂，但還是只能無奈，物聯網時代，車子的位置隨時傳送至雲端系統，搭車者即時知道班車抵達車站的時間：公車站的顯示屏幕、搭車者的手機，搭乘公車可以不用浪費生命在等待上。
計程車	下大雨、偏僻地點、交通尖峰時刻，都不容易叫到計程車，非尖峰時刻計程車在路上亂逛浪費油錢卻找不到搭車的顧客，UBER 叫車平台同時解決了計程車業者、搭車者的問題，相同的，這還是物聯網的應用。
無人車	一般人家中的轎車，一天平均使用時間不會超過 2 小時，空閒的時間可以出租嗎？理論上沒問題，但還要跟租借人做交接的動作，可行性就不高了，但如果閒置的車子可以自動開出去、再開回來，那就完全改觀了，無人駕駛是交通工具分享經濟的最終解決方案！

🔊 實體商務→電子商務

買東西要去店裡，選商品 → 付錢，整個交易流程都在店內發生，這就是實體商務！美國的亞馬遜（AMAZON）、中國的阿里巴巴（ALIBABA），分別在東、西方社會改變了人們購物的方式，在電腦上點點滑鼠，商品自動寄送到家中，貨款也透過網路直接轉帳，這就是我們今天熟知的電子商務！

電子商務之所以快速崛起，是因為它具有以下幾個優勢：

A. 網路平台是一種自動化機制，不需要服務人員隨時招呼，因此可以 24 小時不打烊，也不會因為營業時間而增加成本。

B. 網路無距離、更無國界，因此只要能夠連上網，商家可以賣、消費者可以買，以前必須仰賴廠商進口，託朋友由國外帶回，現在不用了，彈指間自行搞定。

C. 所有商品在網路的資訊都是公開的，透過強大的搜尋引擎，加上 AI 人工智慧與 CLOUD 雲端資料庫的協助，網路購物可達到貨比「萬」家，絕不吃虧！

電子商務→行動商務

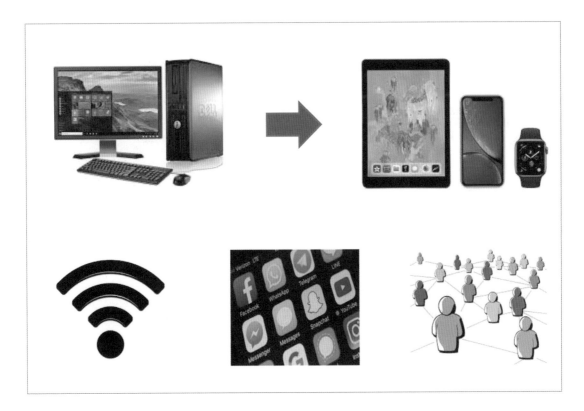

網際網路的時代，INTERNET 將全球電腦串連在一起，但我們一天有多少時間會抱著電腦呢？很顯然的，使用電腦進行電子商務是不實際的，電腦體積太大，又連著一條網路線，要跟著人一起移動是有問題的！

Desktop（桌上型電腦）→ Laptop（筆電）→ Tablet（平板電腦）→ Cell Phone（手機），廣義的個人電腦不斷的縮減體積，可以放在口袋中了，更可一手掌握了！全球無線通訊規範由 IEEE 整合成功，所有資訊產品有共同的資料傳輸規範，不同廠牌、型號的裝備都可互相連結，因此個人通訊裝置無線化的時代來了！

e-Commerce → mobile-Commerce（行動商務）透過行動載具，把所有人都串在一起了，有人潮就有錢潮，大媽聊菜價、辦公室聊八卦、閨密聊時尚、⋯，這裡面蘊藏了無限的商機，餐廳打卡優惠、臉書美食分享、APP 團購、⋯，各式各樣的行銷手法特地為不同「族群」量身訂做！科技拉近了人的距離，更創造無窮的商機！

行動商務→生活商務

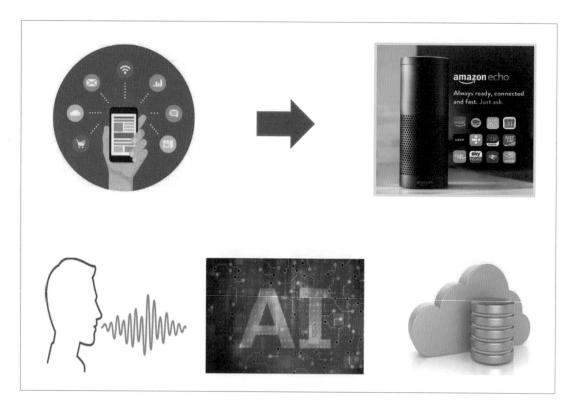

在手機上點點、滑滑就可以購物,似乎已經是方便到了極致,是嗎?有一句行銷經典名言:「科技始終來自於人性!」,用手機購買商品符合人性嗎?當然不是!

嘴巴開口說:「Alexa 幫我訂一張 9/25 飛紐約的機票,⋯」,然後一切安排妥當,這才叫做人性! Alexa 就是你的管家,她聽得懂你說的話、下的指令,是 Amazon 派駐到你家的超級總管,上知天文下知地理,更勤儉持家,體力超好 24H 不打烊,EQ 超高不怠工,這才是人性!

透過語音辨識系統接收消費者發出的指令,AI 人工智慧不斷的從錯誤中學習,天天提高語音辨識精準度,一邊工作一邊吩咐 Alexa 幫忙買機票、訂飯店、查交通、查天氣,身為主人你只需要靠一張嘴!

Amazon 在做什麼呢?你家中所有的聲音全部被上傳到雲端資料,包括夫妻吵架、罵小孩、小狗吠吠、⋯,Amazon 變成最了解你的人、你的姊妹淘、你的老鐵,它更是你的最信任的廠商!

🕸 科技：創造需求

從前為何是物資缺乏時代，原因有 2 點：

⊛ 生產力不足：工業革命前，以人力生產，產能有限。

⊛ 物流運輸不便：歐美國家非常富有，但將多餘物資運送到物資缺乏地區成本巨大。

現在全球工業化程度非常高，全球物流也非常發達，除了極少數地區，到處都發生物資氾濫的情況，市場上呈現完全供過於求的情況，若減少供給勢必讓許多企業關門 → 員工失業，唯一的解方就是：創造新需求，舉例如下：

產品	表面效益	延伸效益
電子書	降低書籍成本 增加閱讀的便利性	增加消費者的閱讀量
Amazon Go	提升門市經營效率	消費者省時、業者省成本
Amazon Echo	簡化消費者購物程序	亞馬遜鎖住所有消費者
AWS	降低所有企業資訊管理成本	新創企業專注於本業發展

創新的兩難

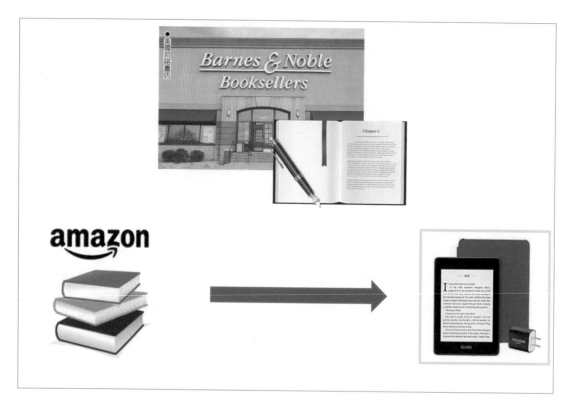

當市場趨於成熟時，幾大廠商掌控市場，各自以不同的商品訴求、市場定位，佔據一定的市場份額，成為寡占市場的既得利益者，幾乎所有的產業都是如此！

既得利益者會再大量投入資源，打破市場均勢嗎？好像很少發生，為什麼？難道不會居安思危嗎？會，但很難！企業的成功，會讓決策者沉迷於勝利的滿足感中，對於新的事業多半採取嘗試的態度，因為要用創新的左手打敗既得利益的右手，違反人性！

Amazon 電商崛起，成為網路書店的霸主，但 CEO 貝佐斯卻成立電子書部門，並將原來書籍部門主管找來，並賦予唯一的任務：全力發展電子書，讓實體書退出市場，今天電子書已在市場上取得很大的份額，主導權掌握在 Amazon 手上，Kindle 電子書閱讀器成為市場上的新寵，全球各大書商在先機已失的情況下，只能苦苦追趕，這又再次印證：「富不過三代」，「創業維艱、守成不易」！

偉大企業家

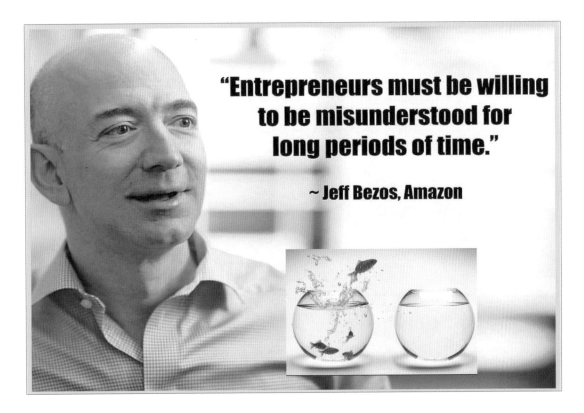

理想和現實可以兼顧的情況並不多，大多數的企業採取的策略是：現實主義，訂業績目標 → 努力達成，績效的定義就是：業績達成率、毛利達成率、總獲利金額，但這是一種短期式的經營策略，業績隨著環境變化高高低低，上一期的績效與下一期無關，在市場狀況快速轉變下，企業很可能就退出市場了！

Amazon 執行長貝佐斯說：「當新聞報導 Amazon 業績大幅成長時，總有人對我說恭喜，但這個結果其實是 3~5 年前所作的決策、努力」，這就是偉大企業的長期策略，不被財務報表脅持的經營策略，這也是 Amazon 在創業初期不被華爾街分析師看好的主因，一切策略以消費者滿意為依歸，不斷投入資本研發創新，並將降低的成本回饋給客戶，而不是成為公司獲利呈現於財務報表中，降成本 → 降售價 → 擴大客群，這個流程不斷循環，就形成 Amazon 著名的【飛輪理論】：開始很費力→後來很省力。

APPLE：創造消費者需求

賈伯斯的三句經典名言：

⊙ 聘請傑出人才，卻又要這些人才聽命行事，這是沒有意義的！

→ 聘請優秀人才的目的，是要他們告訴我們，如何可以更成功。

⊙ 創新是領導者和追隨者的分野！

→ 唯有創新才能成為市場的領導者！

⊙ 消費者並不知道自己要什麼，直到你將東西擺在他們面前！

→ 光是滿足消費者需求是不夠的，要更進一步「創造」消費者需求！

這三句話點出了企業管理 3 個層次：知人善任 → 藍海策略 → 創造需求，創新始於人才培育與任用，策略決定企業長期發展方向，思維變革為企業開創藍海市場。

🔬 Apple：產品演進

從小受教育：循規蹈矩、考題一定有標準答案、跟標準答案不同就是錯，亞洲的小孩被教笨了！好奇心、創意、美感全被扼殺了，我想這也是國家發展限制的根源。

APPLE 的企業精神是：「Think different.」，擺脫今日、擺脫潮流、擺脫標準，重新思索消費者需求，一系列產品，無一不是騰空出世，令世人驚豔：Apple II → 麥金塔 → ⋯ → iTune → iPod → iPad → iPhone → iWatch⋯賈伯斯被譽為當代最有創意的企業家，他創立蘋果電腦，卻被董事會逐出公司，他重新歸零，創立了 NeXT 軟體公司、皮克斯動畫（1995 年拍出玩具總動員），1996 年被 APPLE 董事會邀請回來，解決公司的生存危機。

賈伯斯在演講中提及，他人生的兩次轉折都是上帝的恩典，大學輟學讓他認識印刷美學，這也成就日後麥金塔電腦的獨特不凡，被董事會開除，讓他重新找回對工作的熱情，不怨天尤人，以熱情面對每一天，是所有年輕人的人生導師！

APPLE：硬體→軟體→系統→生態

賈伯斯所創立的 APPLE 王國是 IT 產業的獲利王，但為何其他廠商不複製、不超越？不是不想做，是太難了！

APPLE 王國的產業領域含括：硬體、軟體、系統、生態，APPLE 在每一個領域都是領先者，每一個領域又全部是與外界不相容的獨立規格，每一個領域互相結合為 APPLE 王國，這是賈伯斯窮其一生建構的王國，賈伯斯離世後 20 年內，其他企業都還難以望其項背。

以華為為例，目前號稱是全球 5G 領導廠商，華為手機市占率全球第二，手機作業系統採用 Google 的 Android 系統，中美貿易大戰下，華為手機被限制不得使用 Android 系統，華為自行開發的鴻蒙作業系統又缺乏生態 (APP)，要建立完整 APP 應用程式，少則 5 年，因此也難以獲得中國以外市場消費者的青睞，這時我們才深深體會到 APPLE 的護城河有多高多深，所有產品的系統、規格、標準完全自訂，是一個獨立的王國，別的廠商攻不進去，他卻可接收其他產品的高階使用者，APPLE 的競爭者只有自己，APPLE 能否保持創新能力才是生存的最大考驗。

商品：創新研發

Apple	LOGO（商標）上寫著：Think different.，它的產品有自己的規格、自己的作業系統、獨特的功能設計、引領時尚的造型創新、…，在市場上完全沒有競爭對手。
Tesla	是全球第一家純電動車量產製造商，領先全球的電池管理系統、自動駕駛、全球布局的超級充電站，全部都是創新、研發，全球各大車廠，就像個傻 B 一樣看著特斯拉顛覆整個市場。
Dyson	是家電產業的 LV，一部電風扇、吸塵器、吹風機動輒 US $600~1,000，創新研發的馬達技術，讓 Dyson 產品成為：精巧、高功率的代名詞，為成熟、低毛利的家庭電器產品賦予新生命。
hTC	曾經是台灣之光，智慧手機的領導廠商，目前已經戰敗退出手機市場，轉入虛擬實境產品研發，失敗並沒有改變這家企業創新的 DNA，反而另起爐灶，企圖再一次笑傲江湖！

服務：創新研發

物聯網的時代來臨，許多運用新科技的創新服務，正默默改變我們的生活：

UBER EATS	網路點餐外送，大幅提升餐點外送效益，餐廳、顧客、外送人員三贏，可提高原實體店面經營效益，或新創業者免除實體店租費用。
Tesla Update	車上所有裝置配備的運行都透過行車管理系統，需要進行軟體系統更新時，不須要回廠，直接透過網路更新即可，車輛運行任何資訊亦回傳雲端資料庫，隨時掌控車輛狀態。
Amazon Alexa	一個能夠收音的小喇叭，隨時監控家中的所有聲音，如果聲音中包含「Alexa」，就知道你發出命令了，他連接雲端資料，因此上通天文下知地理，他連接所有網路上的廠商及親友，因此可以為你採購商品、訂餐廳、取消約會。
iParking	結合車牌辨識、金流系統，使用公共停車場，無須刷卡、領票，繳費，就像使用自家的車庫，一句話，就是方便。

商業模式：創新研發

YouTube	共享影音平台，各行各業都可以此平台作為行銷管道，消費者也由此管道取得免費資源，平台經營者賺取：廣告費用、VIP 會費。
UBER	出租車平台，所有閒置車主可上網登錄接受叫車服務，所有乘客可以上網叫車，平台的功能就是整合叫車服務的供給／需求，租車費用根據需求強度做機動調整，有效調節尖峰時段的需求與供給。
AWS	亞馬遜雲端服務，新創企業或企業內新的專案，對於網路服務需求量不確定，或想專注於核心事業者，採用 AWS 不必自行成立龐大資訊部門，並依實際需求調整需求量，更提供全球化服務。
晶圓代工	IC 製造需要龐大的資本（建廠）與製造經驗的累積（良率提升），對於中小型 IC 設計公司而言，自行製造 IC 是不符合經濟效益的，交給別人生產又怕技術外洩，台積電就是全球第一家專業 IC 代工廠，秉持專業、誠信贏得客戶的信任，今日 IC 設計蓬勃發展，就是因為 IC 代工的誕生！

物聯網：改變廣告模式

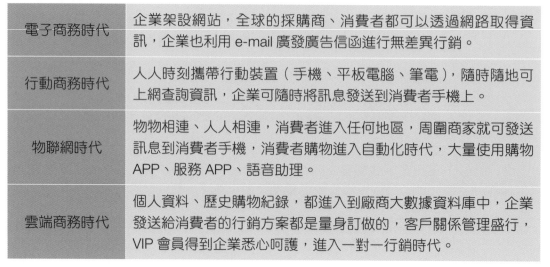

電子商務時代	企業架設網站，全球的採購商、消費者都可以透過網路取得資訊，企業也利用 e-mail 廣發廣告信函進行無差異行銷。
行動商務時代	人人時刻攜帶行動裝置（手機、平板電腦、筆電），隨時隨地可上網查詢資訊，企業可隨時將訊息發送到消費者手機上。
物聯網時代	物物相連、人人相連，消費者進入任何地區，周圍商家就可發送訊息到消費者手機，消費者購物進入自動化時代，大量使用購物 APP、服務 APP、語音助理。
雲端商務時代	個人資料、歷史購物紀錄，都進入到廠商大數據資料庫中，企業發送給消費者的行銷方案都是量身訂做的，客戶關係管理盛行，VIP 會員得到企業悉心呵護，進入一對一行銷時代。

物聯網：改變保險業計價模式

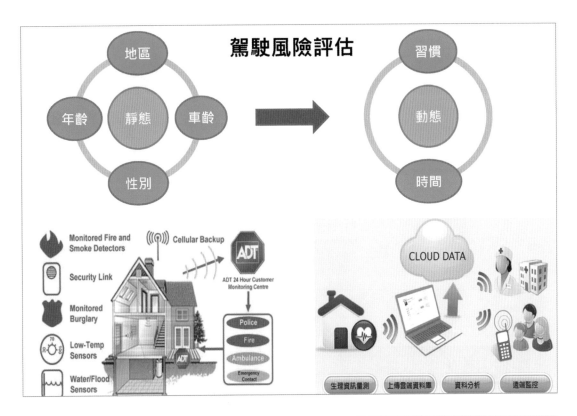

產業	監控設施及影響	產業變革
車輛保險	車輛運行的訊息都上傳到雲端，包括駕駛人的開車習慣、開車時間，車輛都裝置 GPS 定位系統，大幅降低竊盜發生	原本保費計算： 地區、性別、年齡、車齡 新計費計算： 駕駛習慣、行車時間長短
產物保險	房屋、工廠都裝設各式監測系統，大幅降低竊盜、火災的損失	保險費率大幅降低
人壽保險	即時監控系統，降低突發死亡率 長期監控及早發現慢性疾病	意外死亡大幅降低 預防醫療大幅增長

少子化、高齡化的產業政策

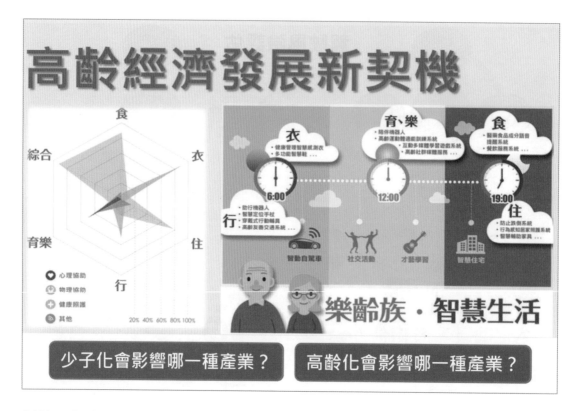

對於一般產業而言,出生率高、人口增長稱為人口紅利,台灣由於產業轉型不順利,造成產業外移,廠商大量外移加上外資投資不振,台灣經濟發展停滯 20 年,年輕人的薪資也停滯不動,缺乏經濟後盾的情況下,生小孩變成是一件奢侈的事,因此產生了嚴重的少子化問題,相繼而來的更是老年人口比例的增加,對於醫療照護產業而言,高齡化反而成為人口紅利。

根據統計資料,台灣已淪為全世界總和生育率最低的國家,中小學不斷減班、降低班級學生人數,流浪教師甚至形成社會問題,醫療科技發達的結果就是人的壽命普遍的延長了,公園裡 80 歲以上的老人隨處可見。

高齡化對國家與產業而言,是隱憂也是契機,令人擔憂的是日漸攀升的照護與勞動等社會成本,但同時也帶動產值龐大的高齡產業商機,未來的高齡市場是以全球為目標,後續衍生的龐大商機將對產業發展與經濟成長產生偌大貢獻。

台灣在醫療照護產業的競爭優勢：產業基礎

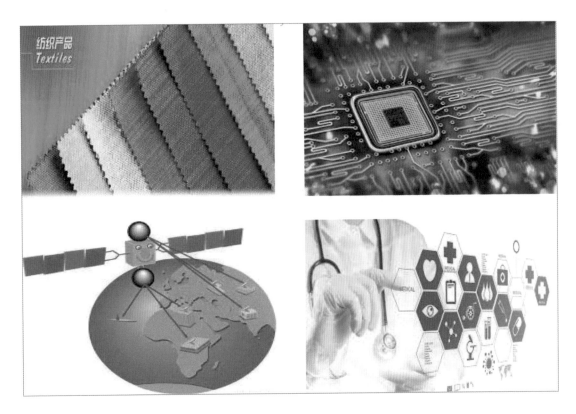

醫療自動化的第一步就是身體狀態偵測自動化，目前最普遍的行動穿戴裝置為手錶，可以偵測心跳、脈搏、體溫、運動量、…，都是一些屬於物理性質的量測，這只是最基本的應用，以衣服作為量測身體狀態的行動穿戴裝置是下一階段研發重點，因為衣服可以吸汗，透過汗液的分析，感測項目更多元，衣服可以大面積覆蓋身體，感測範圍更全面。

台灣在 40 年前靠紡織起家，有很深厚紡織工業基礎，接手的電子製造業更是台灣今天的強項，通訊業是電子業的延伸，台灣自然有一定的底蘊，至於醫療產業…，因為早期政治戒嚴，全台灣一流人才都去讀醫科（避免惹禍上身），因此醫療產業更是台灣的強項。

利用紡織技術將電子線路、感測、通訊元件植入布料中，將人體作 24 小時偵測監控，資訊上傳雲端後結合醫療系統作追蹤與管控，這就是本單元的主題：醫療資源產業的整合。

台灣在醫療照護產業的競爭優勢：自動化

老人行動力降低，甚至失能之後，陪伴、居家照護變得非常重要，家有長者的年輕人卻很難放棄工作在家照顧長輩，一是經濟能力、二是時間成本，目前在台灣四處看到年輕的外籍看護推著老爺爺、老奶奶到公園散步，但近年來東南亞國家經濟成長快速，以外勞來填補本國勞動力不足的策略將畫下終點，導入機器人看護將成為下一個階段必然的選擇！

台灣以製造業起家，擅長生產管理，鴻海企業更是全球最大電子代工廠，為了解決勞力短缺問題並致力降低成本，研發並導入機器人生產已經有非常紮實的基礎，目前在中國就有 6 座關燈工廠（無人工廠），目前與日本軟體銀行合作推出陪伴型機器人 PEPPER，主要功能陪伴小孩學習及客服導覽。

華碩電腦是全世界筆電、主機板生產大廠，近年來也積極投入機器人研發，目前所推出的 ZENBO 也是一款陪伴型機器人，主要功能：遠端視訊、資訊提供、即時提醒、語音控制家電、居家安全緊急通知、生活小幫手，串起：食、衣、住、行、育、樂等服務，寓教於樂的互動數位內容、訓練邏輯的編程遊戲。

社區醫療、照護網

人若保持健康，對於醫療資源的需求就會降低，因此社區照護的發展可以大幅降低老人對於醫療的依賴。

對於有行動能力的老人，鼓勵參加社區志工活動，日常生活有重心，與鄰居有互動，身心自然健康，缺乏行動能力者，讓他們到老人園去玩遊戲，就如同小孩上幼稚園一般，有人陪著玩，身心狀態都會有大幅改善。

「老吾老以及人之老」不再是一句空泛的口號，荷蘭推出年輕人「陪伴換宿」活動，貧窮年輕人無力負擔都會區的租金，都會老人無人陪伴、照護，因此政府搭起雙方合作的機制，年輕人每星期以一定的時數陪伴老人聊天、協助簡單家務，換取免費的住宿，這樣的機制除了各取所需的經濟交換，實際上對於世代的交流產生非常大的影響，讓社會更和諧、更有同理心、更是充滿了愛！

偏鄉醫療困境

錢途決定一切

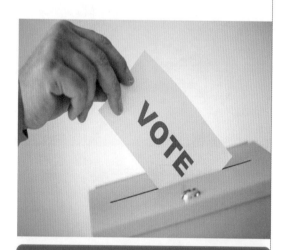

選票決定一切

偏鄉醫療資源短缺，為什麼呢？分析如下：

缺醫院	偏鄉就業機會少，年輕人都到都市發展，偏鄉只剩下老人與小孩，人口少，經濟弱勢居多，對於選票挹注不大，因此執政者不願將資源投入偏鄉。
缺醫師	醫師從醫學院畢業後，需要長時間的經驗養成，是一種經驗密集的行業，大量的病例對於醫師經驗養成是極其重要的，因此年輕醫師都想留在都會區大醫院，因此偏鄉只剩下守護鄉土的老醫師。

偏鄉醫療解決方案

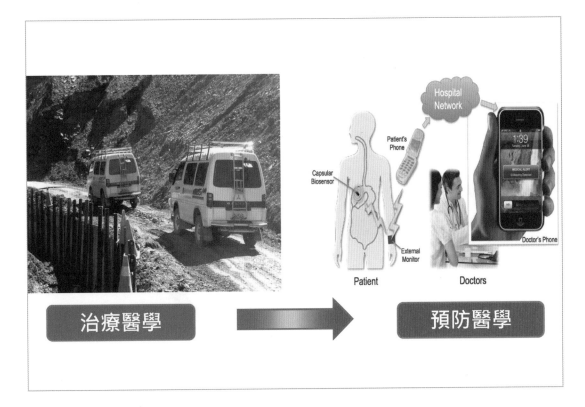

物聯網時代來臨，為偏鄉醫療資源缺乏提供了解決方案：

遠端看診	透過視訊，都市醫師可以為偏鄉患者做遠距看診服務，搭配偏鄉社區醫院的檢測裝配及基礎護理人員協助，對於非重症醫療是絕對可行的。
預防醫療	強化社區醫院的定期健檢服務，透過穿戴裝置對患者進行持續性的身體狀態監控，讓大病變小病，小病及時治療，並避免急症的發生。
年輕醫師	在偏鄉的年輕醫師，一樣可以透過遠距醫療，參與都會大醫院看診服務，在線上與都會醫師進行病例會診、研討。

科技為偏鄉醫療提供了解決方案的可行性，但還必須加上政府政策配合，才能有效將醫療資源導入偏鄉，偏鄉雖然有：好山、好水，但對於年輕人而言卻也是：好無聊！

無人機緊急救援

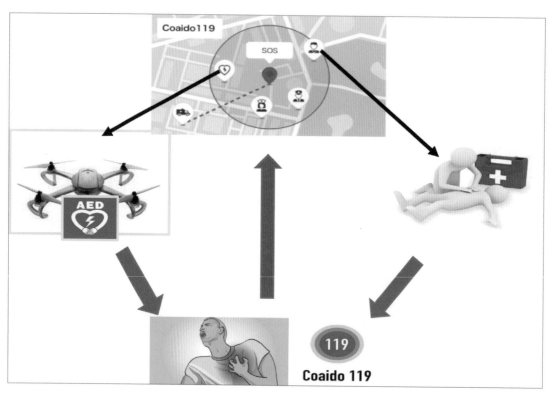

 一名婦人疑身體不適,倒在台北市西門捷運站月台層,捷運站工作人員使用手機 App「視訊 119」,消防局 119 執勤員透過視訊影像,發現婦人疑似已失去意識,立即線上指導捷運人員實施心肺復甦術及使用電擊器,直到救護人員抵達接手,婦人到院前已恢復心肺功能,成功救回婦人一命。

日本 Coaido119 是一個緊急情報共享程式,結合無人機遞送 AED、專業急救人員在地支援,以救護車平均耗時 22 分鐘而言,無人機只需 5 分鐘,將心臟急救成功率由 8% 提高至 80%。

當使用者撥打 119 報案時,會向方圓 1 公里範圍發送 SOS 求救訊息。範圍內若有已登記的醫療人員或曾接受急救講座合格的人員,可前往現場邊進行急救,邊等待救護車到達。因為心臟停頓等突發疾病,每拖延一分鐘獲救成功率就會下降 10%。Coaido119 推出的目的是提升心臟病發的生還機率,而且程式支援發信現場位置和 Live 影像,方便急救人員前往和查看患者情況。

以科技解決偏鄉醫療問題

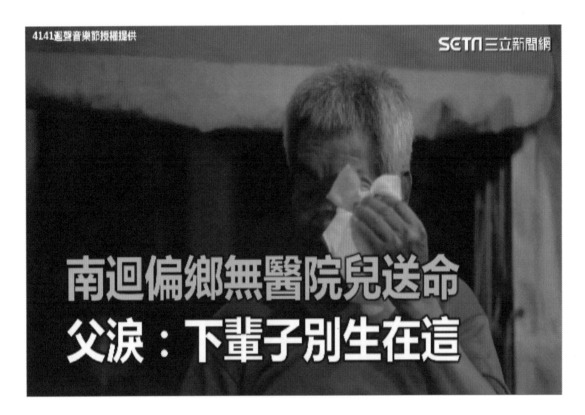

一位返鄉工作的年青人，在南迴公路上因車禍來不及送醫而死亡 …

南迴公路全長 118 公里，但沒有一間有病床的醫院，所以當地發生重大疾病、意外時，常常得送到距離較遠的台東市、屏東甚至是高雄 …，每當發生危難時，在送醫的途中，這裡的居民比的是路比較長還是命比較長！

筆者在情感上、道德上都力挺偏鄉醫療資源投入！

在現實環境經濟效益與實務可行性考量下，籌設南迴醫院不被重視是必然的結果，筆者引用並延伸柯林頓總統的名言：「笨蛋，問題在經濟！解決方案在科技！」。

經濟	在地產業不振必然導致人口流失，人口稀少自然不會有資源投入，這是合理性分配問題，但人命關天，問題當然必須解決。
科技	開車路太遠，救難直升機配置不足，那救難無人機當然就是可行方案之一，以簡易型醫療機構搭配科技配備，才是雙贏的解決方案。

物聯網帶動的產業整合

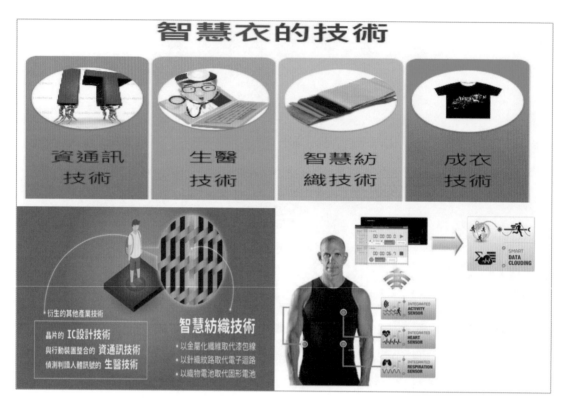

將一件智慧衣拆解開來，裡面包含了 4 個產業：資通訊、生醫技術、智慧紡織、成衣技術，這 4 個產業在台灣都相當成熟，都具有全球就爭力，照理說，台灣應該充滿了機會，但我相信，台灣在智慧衣的價值鏈中還是只能分到毛利最差的「製造」。

教育出了問題：

家庭	台灣俚語：「小孩子有耳無嘴」，認真聽但不可輕易發表意見，就是警告小孩不要當出頭鳥，不鼓勵創新。
學校	鼓勵競爭，卻缺乏團隊合作教育，以尊師為首要信條，挑戰老師的權威被視為忤逆。
社會	投機、不守法、人與人缺乏信任，組織內缺乏合作機制。

以上這些根本問題讓台灣只能是個「製造」專家，只能在既有的技術上持續研發，無法創新，只能在單一產業發展，因為沒有跨產業整合人才與機制，看看 APPLE 是如何成功的：「創新、整合」。

異業整合的創新

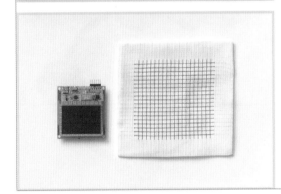

Google 是全球網路產業的龍頭企業，LEVI'S 是全球牛仔服飾領導品牌，兩個企業會有交集嗎？是的！智慧衣，讓這兩個企業做異業結盟。

目前的智慧穿戴裝置都不夠便利，能收集的身體資訊也不夠完整，例如：手錶、項鍊，而衣服可以貼身，面積又大，就完全解決以上 2 個問題，但衣服平常需要水洗，因此要將電子線路、感測器、發射器植入纖維中，就需要高度的技術創新，因此兩個產業龍頭展開了合作之旅。

為什麼美國企業可以支付較高的薪資，有兩個主要因素：

自動化	美國自動化程度高，低層次工作都被機器所取代，員工從事的工作技術含量較高，因此產值也高。
創　新	低階製造都外包到國外生產，美國企業專注在研發、創新、整合，因為生產的產品技術含金量高，因此人均產值高。

產業護城河

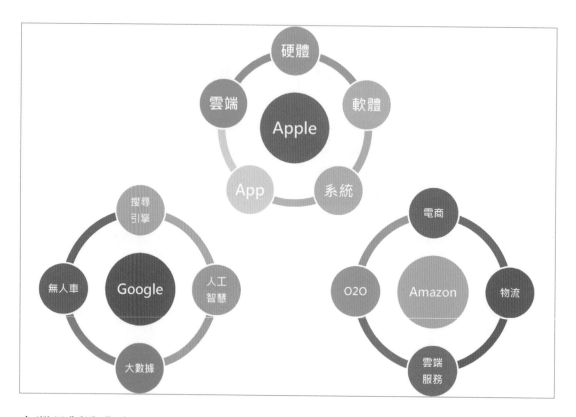

台灣是製造業大國,所有產業的代工生產都幾乎拿過世界第一,但成為世界第一不久之後,也都敗下陣來被其他國家取代,因為僅憑藉:生產技術、成本低廉的競爭優勢是無法持久的,因為資訊傳播發達,成功的商業模式、技術是很容易被複製的。

Apple、Amazon、Google 這些世界大廠的競爭優勢為何很難被競爭者模仿?因為他們的優勢都不是單一技術、因素!而是一個運作系統,Google 由搜尋引擎起家,除了雲端資料庫更有強大的人工智慧研發,無人車研發便必須架構在雲端資料庫與人工智慧之上,最起碼橫跨 3 個不同的產業,因此要挑戰Google 難如登天!

台灣具備生產智慧衣的所有關鍵產業,也都有深厚的產業技術基礎,但似乎我們仍然會淪為「代工」生產的角色,因為台灣不擅長產業整合,政府的角色又極為弱化,因此各產業只能單兵作戰,況且智慧衣只是「醫療大數據」產業最前端的感測器而已,真正的大餅在資訊的應用!

醫療產業創新與整合

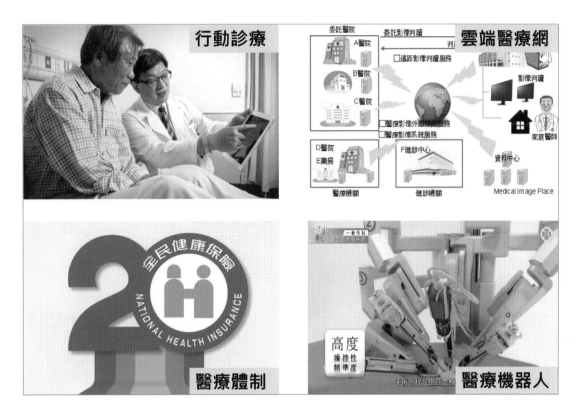

3 項醫療科技創新與應用實例，介紹如下：

行動裝置的應用	台灣秀傳醫院首創將 iPad、iPhone 導入醫生巡房應用，醫生攜帶平板電腦或智慧型手機作為巡房時的資訊輔助設備，縮短醫師照護病人的距離，並可隨時隨地掌握病況，更進而提供專科醫師遠距會診意見諮詢，顛覆傳統醫病關係。
雲端醫療網的落實	醫護人員、醫院及診所，不論位於都市或窮鄉僻壤，都能在雲端資料庫中獲得病患的完整病歷以及區域內各醫院的醫療資源，並解決病患重複就醫及重複用藥的問題。
達文西醫療機器人的導入	發生醫療糾紛時，病患總是社會同情的對象，尤其是外科醫師的處境越來越艱困，許多外科醫師為了自保轉戰風險較低的醫美領域，傳統標榜專業的 5 大外科乏人問津。

以科技解決醫患問題

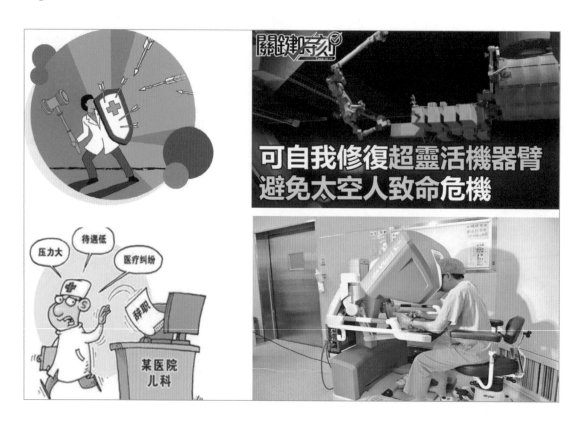

傳統外科採用內視鏡手術固然對病人好，但是手術醫師長時間站立，一旦目標在身體深處，醫師必須配合做出種種不符合人體工學的動作，例如：單腳站立、彎腰、趴著，但兩隻手卻要穩穩地握住器械，才能完成手術，加上眼睛疲累、手部穩定都是 50 歲以上醫師的天敵。

「科技始終來自人性」，直覺手術公司（Intuitive Surgical）的達文西系統問世，以機械手臂提升精準度，配合放大 10 到 12 倍的體內 3D 影像，的確讓醫師驚豔。

令人想不到的是，達文西的創新並非來自醫界，而是遙遠的外太空。70 年代 NASA（美國太空總署）執行太空任務，設想太空人萬一需要緊急手術，例如切除盲腸，何不讓醫師藉著遠距視訊操縱機器人手臂，執行一場萬里之外的外太空的手術？這就是機械手臂技術的起源，也造就今日的直覺手術公司。

利用機器人科技提高手術的成功率、降低外科醫師的職業風險，醫病關係得以改善，醫學院學生重新回到 5 大外科，否則…以後就找不到外科醫師了！

專題討論：Ubike 成功 vs. 產業整合

| 捷運 + 棋盤式公車 | 新北600 + 台北400 |

擁有一部自行車，除了特殊用途外，一般人使用時間都非常短，因此共享是非常符合經濟、環保、方便的，以下我們就來剖析一下台北市 Ubike 分享單車成功因素：

◯ 搭配捷運站、公車站，提供最後一哩路交通便利。

◯ 停車樁密度高，大幅降低固定式停車樁租車、還車不便的程度。

◯ 固定停車樁提供管理機制，單車不會被特定人占用。

◯ 車輛機動調度，每一個停車樁隨時都有車可借。

◯ 後勤車輛維修、保養，讓每一部單車的車況良好。

Ubike 的成功主要歸功於管理模式，它成功整合交通系統、後勤維修、停車樁管理，它成功改變了北部人行的習慣，現在更逐步推廣到全台灣各地。

電子支付

商業自動化進程中，與每一個民眾最貼近的就是電子支付，早期的信用卡，近期的悠遊卡，眼前的 Apple Pay、Line Pay、…、亂亂 Pay！

使用實體貨幣有一些實質的問題：製造貨幣成本高、偽鈔、攜帶不方便、偷竊、…，使用電子支付以上問題都解決了，這是政府的問題，對於企業而言，重點在於客戶關係管理，一旦消費者使用電子支付，就代表消費者所有消費行為都被記錄並上傳至雲端大數據，如此一來，行銷策略、行銷方案就由大眾行銷轉化為量身訂做的個人行銷，行銷的效果將巨幅提升，這才是個大企業推動線上支付的真正目的。

以前銀行業者將信用卡客戶資料賣給企業，後來入口網站將線上用戶查詢商品、網頁瀏覽資訊賣給企業，如今大型企業紛紛投入電子支付，自行圈地蒐集客戶消費資訊，這就是所謂的大數據，個人行銷只是大數據的初階應用，由大數據中推演出消費者的未來需求，成為領導廠商，才叫做洞燭先機，Apple、Amazon 都是目前大數據應用的佼佼者。

實體智慧商務關鍵技術：NFC

Near Field　　　近距離

Communication　傳輸

原理類似RFID

可雙向讀寫
Read & Write

與信用卡的比較？

Near Field Communication 近距離通訊是由 RFID 演變而來，是一種短距高頻的無線電技術，而近距離的特性可以防止駭客攔截通訊資料。

NFC 裝置的 3 種工作模式：

卡類比	相當於一張採用 RFID 技術的 IC 卡。可以替代現在大量的 IC 卡（包括信用卡）、IPASS、門禁管制、車票、門票等等，目前手機都提供 NFC 功能，因此信用卡、悠悠卡、各種電子支付、電子票證都可安裝於手機中。
讀卡機	從海報或者展覽資訊電子標籤上讀取相關資訊。
對等	將兩個具備 NFC 功能的裝置連結，能實現資料對等傳輸，如下載音樂、交換圖片或者同步裝置位址薄。

NFC 和藍牙都是短距離通信技術，而且都被整合到行動電話。NFC 的優點是設定程式相對簡單、不易受干擾，缺點是傳輸速率比藍芽低。

實體智慧商務應用軟體：電子支付

電子支付由法規與運用技術的差異分為以下 3 種：

行動支付	將信用卡片資訊全都儲存在手機中，以手機刷信用卡付款。
	服務代表：Apple Pay
第三方支付	網上購物彼此缺乏信任，消費者把錢給第三方中間人，當消費者收到了產品，店家才能從中間人那獲得他應有的貨款，此業務由經濟部監管。
	服務代表：Paypal
電子支付	第三方支付 + 將錢轉給別人，此業務由金管會監管。
	服務代表：街口支付、微信支付、支付寶

行動支付使用信卡付費，個人銀行帳戶中不必有存款，電子支付是實體帳戶轉帳，銀行帳戶中必須要有足夠的存款，是屬於現金卡的概念。

專題討論：第三方認證與電子支付

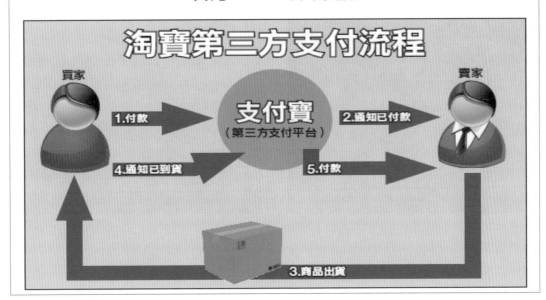

美國的 PayPal 創始於 1998 是全世界第一個電子支付，中國在 2004 年 Alibaba 電商推出支付寶，台灣一直到 2015 年才由官方公布法令，正式核准電子支付，電子支付的核心價值在第三方支付平台，其精神在於落實網路交易的「人貨兩訖」，降低網路交易詐騙與糾紛的風險。

台灣電子支付落後全球主要有 2 個因素：

A. 實體商店發達、金融機構（提款機）密度高，因此現金使用十分便利，搭配信用卡、悠遊卡等塑膠貨幣，使得電子支付在台灣是沒有絕對的需要性。

B. 台灣經濟起飛加上政治解嚴，30 年來 2 黨政客綁架立法院，民生法案陷於空轉，電子商務企業無法從事電子支付產業。

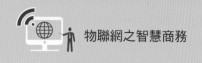

衛星定位技術：GPS

GPS 全球定位系統（Global Positioning System），可以為地球表面絕大部分地區（98%）提供準確的定位、測速和高精度的標準時間，目前 GPS 技術廣泛應用道路導航，例如：Garmin 汽車導航器，大眾運輸指引系統，例如：Google maps，都已經成為交通、運輸、旅遊不可或缺的工具。

GPS 技術發射訊號讓：車子、船舶、飛機進行自我定位，在行動商務的時代人手一機（手機、行動裝置），將 GPS 技術應用在短距離的訊號發射，可以讓商家附近所有行人都收到商家資訊，人工發送廣告 DM 的工作就徹底 GG 了！

偉大的國家：美國

GPS 由美國國防部研發、維護，提供全世界不需申請、無償使用，原本分為軍用、民用兩種不同精確度的版本，2000 年柯林頓政府讓兩個版本都享有同樣的精度，這種無私、開放的胸懷與策略，正是造成全世界：人才、資金匯集的吸引力。

室內定位技術：iBeacon

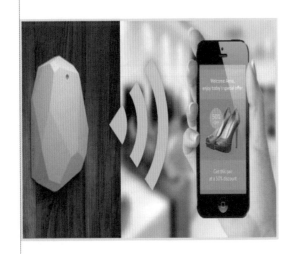

2013 年蘋果在 WWDC 大會上發布的 iBeacon，是一個無線通訊傳輸方案，採用 BLE 技術：低功耗藍牙（Bluetooth Low Energy），開創微定位的未來。

iBeacon 就像是一個不停地在廣播訊號的燈塔，當手機進入到燈塔照射的範圍內，手機的 App 就會與 Beacon 產生互動，舉例如下：

- 梅西百貨在全美店面放置了至少 4 千顆 Beacon，提供消費者導覽和導航的功能。

- 特易購應用 Beacon 來強化服務，讓使用者在 App 建立待買清單，當使用者一進入到賣場內，手機就會告知每項商品的位置，節省購物時間。

- 麥當勞在喬治亞州的 26 家分店推出 App 搭配 Beacon 放送促銷訊息，給路過或走進麥當勞的消費者，短短 1 個月內，就讓麥克雞三明治的銷售上升 8％、麥克雞塊銷售上升 7.5％。

物聯網：科技行銷

1.引客

2.集客

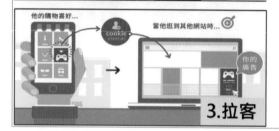

3.拉客

4.熱點管理

5.精準行銷

6.回客管理

iBeacon 物聯網系統，搭配企業資訊整合，可提供以下整合商務創新方案：

引客	以優惠、特價訊息，將店外的行人吸引到店內，成為顧客。
集客	在顧客所在的產品區發送精準的特惠商品訊息，吸引店內顧客的注意，並即時選購商品。
拉客	根據顧客的歷史購物紀錄，在賣場中發送精準商品、優惠方案。
賣場規劃	根據 Beacon 蒐集的資料庫，分析客戶在賣場內：移動的路徑、停駐的時間、購買金額，重新修正賣場的動線規劃，品牌、商品的配置。
精準行銷	以完整的客戶資料為基準，作量身訂製的客戶服務，搭配各式各樣的集點、優惠方案，吸引顧客再次上門。
回客管理	一個舊客人的價值抵得過十個新客人，完整的服務紀錄，是下一次服務的最重要參考。

物聯網：Ubike 分享模式

物體編號	1	2	3	4
物體名稱	手機（人）	悠遊卡	自行車	停車樁

Ubike 系統將物體 1、2、3、4 串連在一起，各物體的功能說明如下：

> 手機：利用網頁或 APP，標定物 1（自己）的位置，物 4（鄰近停車樁）的位置，並顯示物 3（自行車）的可租借數量。

> 悠遊卡：租車時對著停車樁作開始租車登錄動作，還車時對著停車樁作停止租車動作，並進行電子扣款。

> 停車樁：負責借車（登錄）、還車（登出）、悠遊卡扣款動作。

> 自行車：被租借時脫離停車樁，還車時卡入停車樁。

因為物聯網技術，因此 4 個物件可以輕易串聯，形成單車租借系統，有人說固定停車樁借車、還車都不方便，大陸 ofo 分享單車便採用無停車樁系統，表面上更科技更方便，但隨地棄置、破壞單車的亂象，導致失敗收場，【科技創新＋管理機制】才是創新商務模式的可行方案。

服務整合平台

萬物聯網最大的效益便是：資源整合，將人、商店、商品、倉儲、交通工具…等等，全部整合在一起！

各行各業的單一廠商，在傳統商務時代永遠都是個體戶，只能做社區生意，因此金店面很值錢，有了網路之後，透過網友介紹會多了一些外地遊客，但個別商家無論在行銷、接單上都不具備經濟規模，因此永遠是看天吃飯的個體戶。

百貨公司就是一種經營賣場的產業，負責整體行銷、賣場經營，那網路上是否可以有類似百貨公司的機構，為所有個體戶服務呢？你會說：網路商店啊，沒錯，但側重於買賣業，服務業呢？無形商品，那就得透過物聯網了，以下我們就透過一些實務案例，來說明物聯網在服務整合平台的應用。

計程車派車服務

計程車提供戶對戶的便利性，搭車的客人不需要轉搭其他交通工具或步行，是目前都會交通運輸最便利的選擇，但計程車業者面臨 2 大問題：

尖峰時間	客戶叫車需求量大，但交通堵塞，時間全部耗在車陣中，因此根本賺不到錢。
離峰時間	客戶叫車需求量小，空車在街上繞半天、在計程車招呼站排班等半天，客人稀少因此也賺不到錢。

透過 GPS 定位系統，車隊對於每一部車的位置可以精確掌控，透過叫車 APP，每一位顧客的乘車紀錄形成大數據，經過分析，車隊管理效益如下：

> 引導司機避過堵塞路段，調派距離客戶最近的車輛。

> 統計：什麼日期、什麼時段、什麼區域需求最大，提高營運效率。

> 對於行車路線、負責司機都有完整紀錄，提高客戶搭車安全性。

UBER 叫車服務

	一般計程車	多元計程車
車款	不限	不限
顏色	黃色	不限
費率	起跳價85元，夜間、年節加成計算。	初期比照一般計程車。 ●交通部規定上限為現行價格的兩倍，供業者在該範圍內自訂。
叫車方式	路邊招車、電話、招呼站	網路App
付費方式	現金、悠遊卡	現金、悠遊卡、一卡通、信用卡

計程車是固定式的經營，Uber 是將閒置車輛資源與客戶需求做整合，有需求才出車，屬於資源再利用的概念。

假設我是一般上班族，平日開車上、下班，固定路程中可以提供共乘服務，下班後、假日我和我的車可以提供出租車服務，但我這樣的個體戶與有需求的消費者是沒有連結的，UBER 就如同出租車業的百貨公司，提供一個叫車平台，個體業者隨時可以上線提供服務，消費者透過 APP 叫車，UBER 平台負責媒合。

UBER 的車型、費率都不是固定的，讓出租車業務更多元化，休旅車貴一點、夜間行車貴一點、尖峰時段貴一點、…，以價格的差異調節供給、需求量，如此一來，尖峰時間就不怕叫不到車，因為價格高自然會吸引較多個體戶投入，非尖峰峰時間價格低，願意提供服務的人自然減少，就不會供過於求了，這是 UBER 與計程車最大的差異！

美食外送

美食外送與 UBER 的商業模式是一致的，Uber Eats、foodpanda 提供美食訂購平台，小餐廳提供餐點、個體服務員加入送餐、消費者點餐，系統負責媒合、整合，美食外送平台提供的價值如下：

⟩ 解決小餐廳無法負荷專屬送餐人力、行銷能力、遠距接單的問題。

⟩ 個體服務員按件計酬，大大提高服務效率與服務品質。

⟩ 平台提供的餐點多元化，消費者的選擇大幅提高，搭配促銷方案，外送費用幾乎免費，上班族、年輕族群逐漸成為消費主力。

目前連大型飲食集團都紛紛加入美食外送平台服務（例如：麥當勞），表示美食外送平台已經成為一個主流通路，為都會區提供一個便利飲食選擇。

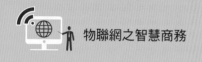
分享民宿 AIRBNB

遠距離的旅遊、洽公，住宿安排是不可或缺的，傳統的選擇不外乎：大飯店、小飯店、小旅館，都是商業化經營，商品訴求：經濟、效益、乾淨。

近年來隨著經濟、教育發達，人們的旅遊也產生了質變，團體旅遊轉變為自助旅遊，再加上科技的進步，GPS 電子地圖簡便實用，APP 旅遊導覽詳實豐富，更助長了自助旅遊風。

自助旅遊客不再長時間停留於都會區，而是進行更深度的鄉野探索，這時，「民宿」變成了旅遊體驗的重要元素，當然，還是科技的進步，必須有人建立資訊平台，有空餘房間的屋主上網登錄，有住屋需求的旅客上網搜尋，達到供需雙方面的整合。

AIRBNB：透過 Air（網路），安排 Bed（床）、Breakfast（早餐），原始構想是一種分享經濟的概念，是一種簡易型的住宿安排，但隨著旅遊型態的改變，許多人將自己都會區的住家也拿出來出租，AIRBNB 與飯店最大的不同，在於它提供了體驗「當地住家」的感覺。

旅店通路創新

貨比三家不吃虧，在網路搜尋引擎的賣力工作下，消費者在彈指之間可以貨比上萬家，旅遊多半是到不熟悉外地，旅館訂房變成一個大學問：地點方便度、價格比較、飯店設施、消費者口碑、…。

透過旅遊訂房 APP，消費者簡單設定需求條件，系統立刻跳出最佳選擇清單供您選擇，這就是【電腦運算 + 網路】的超級威力，這樣的平台提供給消費者的價值同樣是：多元選擇、多元資訊、即時效率、漂亮價格，所有的飯店無論規模大小都無法拒絕這樣的新通路，因為這是消費者利益所在。

從另一方面探討，旅遊訂房 APP 所積累的消費者資訊，對於後續的客戶關係管理有極大助益：舊客戶的消費習慣、喜好，商務客的消費週期，退休族群的旅遊喜好，這些都是後續行銷的資訊來源，平台除了資源整合功能，更是客戶大數據的積累。

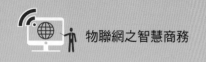

分組討論：分享經濟

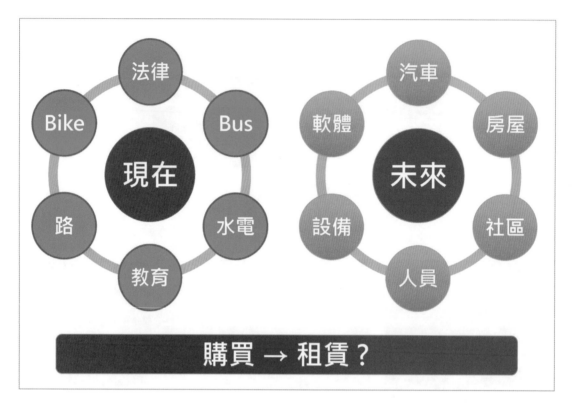

【購買】是一種資產，【租賃】是一種費用，在財務保守的觀念下，購買是實的、租賃是虛的，因此沒有實質資產的企業很難股票上市，但時代變了，共享時代來臨了，以 Ubike 共享單車為例，一般人擁有一部單車，平日騎乘時間不會超過 2 小時，那需要購買嗎？現在 Ubike 提供單車租賃服務，方便到隨處可租、隨處可還，不必擔心偷竊、不必維修，購買單車作為交通工具的理由徹底消失了！

仔細思考一下，自行車由購買轉變為租賃只是個案嗎？

- ◎ 軟體採用雲端租賃，就沒有版本更新需要重新購買的問題，沒有安裝、中毒問題。

- ◎ 影印機用租賃的，按列印張數付費，就沒有印量太少、閒置的問題，又可隨時更換新機種。

- ◎ 人員聘僱採取專案制，專案結束聘僱結束，不必養閒人。

科技不是冰冷的，是為改善人類生活而服務，新科技勢必帶來商業模式變革，消費者購物行為的改變，唯有掌握趨勢才成創造商機。

產業變革：無人化分享經濟

Ubike 分享單車在台灣成功了，接著有企業引進 iRent 機車、汽車分享租賃，這絕對是一個消費者需求所產生的商業發展模式，就算是職業駕駛人，一天最多也只能開車 12 小時，其他 12 小時式閒置的，更何況是一般人每天使用汽車不到 2 小時，因此購買汽車是絕對不符合經濟效益的。

狂想 1	由於車子不會來找人，因此人必須去找車子，所以目前租車、還車的程序還是相當麻煩，但如果有了車輛自動駕駛呢？租車就有如搭計程車，少了司機，車資更便宜，還多了一個座位，沒有訂單時，自動駕駛車輛自己找地方停車、充電，等待下一訂車指令，完全不須買車。
狂想 2	車子跑平面道路容易塞車，UPlane（無人駕駛飛機）若被實現會如何呢？絕對不是神話，概念機都有了，因此技術不是問題，要解決的是：價格合理化、法規制定。

虛實整合：O2O

網路商城的優勢：

- ⊙ 隨時、隨地皆可購物
- ⊙ 透過雲端大數據＋ AI：可以輕易鎖定潛在消費者

透過貨比三家的軟體功能，消費者可以取得較優惠的交易條件，因此網路商城適合交易過程的前期作業：品牌建立、行銷、廣告、促銷、客服。

實體商城的優勢：

- ⊙ 商品品質實際體驗
- ⊙ 購物過程的享受

因此實體商城適合交易過程後期作業：體驗、取貨、付款。

新零售的概念就是利用資訊科技作：線上、線下、物流的整合，提供消費者更優質的購物環境。

通路創新：讓家成為入口

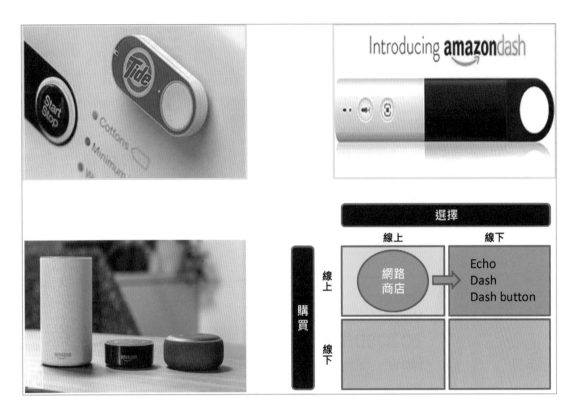

Amazon 是全球最大電子商務公司，也是最積極投入「客戶服務」的科技公司，以下 3 個科技創新將選擇通路由「線上」轉移到「線下」（家中）。

Button	固定採購的商品，如：洗衣精、衛生紙、…，每一個產品製作一個小按鈕，讓客戶將此按鈕貼在適當地方，例如：洗衣精按鈕貼在洗衣機上，洗衣精快用完了，按一下按鈕，按鈕便自動發出採購單。
Dash	長約 15 公分的塑膠棒，上方是麥克風，下方是條碼閱讀器，在家中想要購買某商品時，若商品有條碼，就對商品進行條碼掃描，若商品無條碼，例如：水果，對著麥克風說「蘋果」，就可發出訂單。
Echo	它是一個可以收音的喇叭，24 小時監控家中所有聲音，具有語音辨識功能，一旦偵測出聲音中包含關鍵字「Alexa」，就會解讀接續的語句，並轉換為指令，Alexa 就是一個超級家庭助理，可以回答天氣、交通問題，更可為你進行採購、餐廳預約，因為結合雲端資料庫及人工智慧，因此 Alexa 是個會越來越聰明的管家。

通路轉移：服飾業

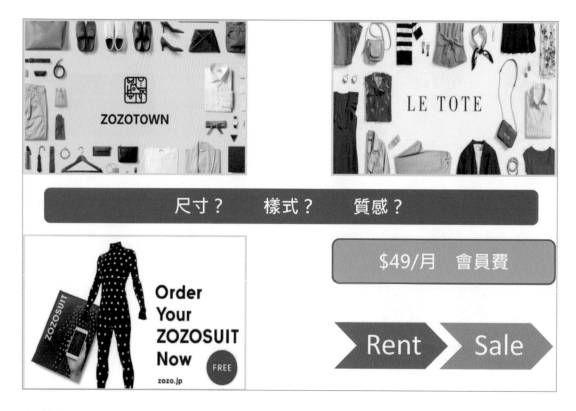

多數人買衣服、鞋子、飾品前都習慣試穿、體驗，因此要將服飾業的通路由「線下」轉移到「線上」有相當大的難度，不過，以下是 2 個成功的案例：

ZOZOTOWN	拍攝大量的試穿影片，讓消費者充分感受衣服的舒適性，並研發 ZOZOSUIT 電子衣，以免費方式寄送給客戶，穿上身即可精確量測身體各部分的尺寸，解決衣服採購時的尺碼問題，更為消費者建立個人資料庫，方便日後的消費與商品推廣。
LE TOTE	以月租的方式提供 Office Lady 參加宴會的禮服，消費者登錄個人資料及喜好後，當客戶提出租借預定後，就會收到 LE TOTE 寄來的服飾及配件供客戶選擇，如果非常喜歡，可以改為購買將衣服留下。

ZOZOTOWN 的成功在於降低網路購買服飾的體驗差異，而 LE TOTE 的成功在於提供 Office Lady「租衣」的選擇，並提供便利免費的退換服務！

通路轉移：眼鏡業

眼鏡包含 2 個產業面：醫學驗光、流行飾品。在美國，醫學驗光是需要專業執照、並嚴格執法監督的，因此配眼鏡前必須經過醫師或擁有專業證照人員的驗光，若從流行飾品的角度來看，在美國網路上販售眼鏡，就不必涉及「醫學驗光」。

WARBY PARKER 就是一家知名的網路眼鏡品牌，推出即時眼鏡線上模擬系統 APP，讓消費者挑選喜愛的鏡框，然後透過手機進行擴充實境的模擬，滿意後下單，WARBY PARKER 就會將一系列的鏡框寄給消費者，消費者最後在家中進行實際體驗，留下最後的選擇商品，其餘的退回。

這是一個將商品做分離的案例：將眼鏡拆解為：鏡片 + 鏡架，鏡架的部分透過擴充實境技術可以達到不錯的線上體驗效果，再結合免費物流配送政策，就完美的將通路由網路轉移到家中。

通路轉移：家具業

店面→展場

隨著生活水準的提升，家具除了實用功能外，消費者更聚焦在空間美化的搭配，因此家具賣場逐漸演變為以展示為主的大型賣場，提供消費者整體搭配的場景，周末家人一同去逛 IKEA 也成為一種不錯的家庭休閒活動。

展場空間很大，搭配的家具非常多元，又經過設計師的巧思設計，每一套都美美的，但真的買回自己家中擺放又是另外一回事了：尺寸大小、顏色搭配、空間美感、…，積極的業者又找到商機了，以下是 2 個成功的案例：

IKEA	利用擴增實境技術，開發專屬手機 APP，讓消費者直接模擬家具擺入家中的場景，並且可以任意移動位置、旋轉，並提供 360 度視角。
ROOM CO	同樣使用擴增實境技術，功能比 IKEA 更先進，模擬的家具還可挑選不同的顏色、材質。

擴增實境技術應用在家具業，提供比實體賣場還真實的體驗，成功的將通路由「線下」轉移到「線上」。

通路轉移：食品業

生鮮食品業者都認為 Amazon 無法跨入生鮮超市產業，因為「新鮮」很難透過網路科技作體驗，不料，Amazon 收購了全美最大生鮮超市 Whole Food（超過 400 家門市），並提供線上購物專送到家及停車場提貨的服務，順利將通路由「線下」轉移到線上，消費者為何接受呢？

A. Whole Food 在美國是生鮮超市第一品牌，美國消費者相信它。

B. Amazon 的配送服務在美國有很棒的口碑。

C. 消費者相信 Amazon 處理客訴的態度。

D. Amazon 的 VIP 會員對於線上採購生鮮的接受度高，而且 VIP 會員群體夠大。

目前生鮮食品產業進軍網路族群，目標市場鎖定在高消費族群，這個族群有較高的收入與教育程度，對於企業品牌、食品認證的接受度高，而且願意為了健康付出較高的價格，因此目前這個成功的模式多在日本、美國、香港等先進地區、國家推行。

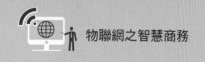

通路轉移：計程車業

傳統計程車的經營方式：計程車在街上遊蕩、消費者也在街上等空車，這種缺乏效率的商業模式只能在人口密集的都會區運作，但尖峰時間人叫不到車，離峰時間車等不到人，隨著無線通訊普及化，計程車裝設無線通訊設備後，消費者可以打電話透過服務台叫車，這才解決郊區叫車服務的難題。

IOT 物聯網時代，每一部提供服務的車輛、每一個叫車的消費者，他們的位置被精準定位，系統作最有效率的配對服務，消費者、計程車都透過手機 APP 叫車、接單，預計等候時間、預計車資、服務司機的顧客評量、…，資訊全部揭露在手機上，消費者可以預訂車輛，可以指定大小車型，最重要的一點，依照叫車服務的即時供需情況、服務費率作機動性調整，如此才真正解決尖峰、離峰的叫車供需問題。

IOT 物聯網技術 + GPS 全球定位系統，成為以 UBER 為首的計程車創新商業模式，所有閒置的「個人 + 車輛」都可投入營運，以共享經濟實質解決計程車服務供需問題，並將通路由「線下」轉移到「線上」。

通路轉移：餐飲業

部分餐廳提供外賣服務，更有些餐廳提供外送服務，尤其是專門提供簡餐、便當、小吃、飲料的餐廳，每一家餐廳自行聘請送貨員，業務量不夠大的餐廳無法提供外送服務，即使提供服務，尖峰時間外送效率極差。

與上一節 UBER 運作方式大致相同，餐廳與消費者透過手機 APP 平台進行交易，一個配送員不再專屬於一家餐廳，所有的閒置人力都可投入市場，大幅度提升餐飲外送的服務效率。

當消費者的飲食通路由「線下」轉移到「線上」同時，房地產業也開始產生變化了，傳統餐廳講究「地點」，而且偏好一樓，因此都會區的店面租金昂貴，當通路轉移到「線上」的比例不斷提升之後，專營「線上」通路的餐廳就會增加，對於所謂的黃金店面需求就會下降。

另外，共享經濟逐漸發達的結果，人們上班的模式產生極大的改變，從被一家公司專屬雇用，改變為「分時」、「分眾」雇用，企業將非核心事業外包的人力資源策略也將更為全面。

通路轉移：餐飲業 - 外帶

Order ahead for same day pick-up

Save your favorites for easy reordering

Check out easier and faster than before

餐飲業的通路革新除了上一節介紹外送服務外，也應用在外賣、內用服務上，因為某些餐點的美味程度與食品的新鮮度、溫度有強烈的連結，因此消費者還是會傾向前往實體店消費，但透過手機 APP 預先點餐，提供的效益有以下 3 種：

A. 預先點餐，然後再前往取餐，避免等候時間。

B. 透過手機點餐，消費者的個人喜好、用餐紀錄將被儲存，簡化每一次的點餐作業。

C. 直接線上扣款，縮短排隊付款時間。

新的商業模式是否會成功，關鍵點在於是否為消費者提供更佳的服務或提升滿意度，若單純出於企業的成本控管，是不可能成功的！記得，現在是買方的時代！

通路轉移：旅館業

旅遊的主角為景點行程，傳統上旅行社扮演整個旅遊產品的主導角色，因此旅館產業的主要通路就是旅行社，除了國際型大飯店有能力推出品牌形象廣告外，一般旅館業者主要客群就是：旅行社、商務客、過路客。

到了網路時代，情況稍有改變，透過社群經營，某些具有特色的旅館有了發聲的管道，但這仍只是小眾行銷，旅遊景點仍然是主角，住宿旅館的選擇仍然必須配合旅遊地點。

物聯網時代來了，憑藉網路計算的巨大能量，旅遊房仲網可以在彈指間做到全球範圍內同一地區的旅館房間比價，為消費者提供最優惠價格，這個價格甚至比旅館本身的官方價格低 3 成，必然的，在自由行旅遊方式逐漸取代團體旅遊的同時，旅館業通路也由旅行社轉移至旅遊房仲網。

在科技的協助下，遊客透過 GPS 定位系統，克服地理障礙，使用翻譯軟體克服語言障礙，更透過社群軟體瞭解風土民情，一支手機走天下的時代來臨了。

通路轉移問題

筆者 2020 年 3 月份前往台中出差 3 天，經朋友介紹優質旅館：便宜（1,384）、乾淨、交通方便，上官網訂房前靈機一動，要不要查看一下 agoda 的價格，擎天霹靂⋯。同一家旅館、同一個房型 agoda 只要 925，入住 3 天我對各項服務很滿意，該旅館卻沒有任何服務人員對我表示過關懷，或要求留下資料，因此我仍是 agada 的客戶，下一次我仍會透過 agada 找旅館⋯，這個結果是旅館業者要的嗎？旅遊房仲網協助將客戶引入旅館，後續的客戶關係管理卻無法跟上，官方網頁上的價格更是徹底拒絕讓客戶訂房，真是匪夷所思，經詢問旅遊同業，這是通案，也就是說旅館業放棄自主通路。

當手機 APP 成為行銷工具、主流通路之後，產業生態也發生了極大的變化，黃金店面的價值逐漸弱化，網路搜尋取代了過路客，將店面開在地下室、二樓並不影響業績，卻大幅降低租金成本，強大的外送服務更讓無店面經營成為通路的選項之一。

虛擬實境：產業應用 -01

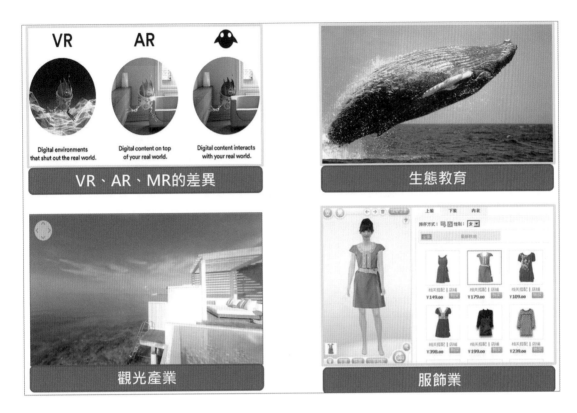

VR、AR、MR的差異	生態教育
觀光產業	服飾業

AR、VR、MR 的差別：

VR	虛擬實境，由電腦模擬出影像，此影像與實體環境完全脫離。
AR	擴增實境，將電腦模擬的影像與實體環境作結合，但無法互動。
MR	混合實境，電腦模擬的影像可與周邊環境、人物互動。

實體服務的成本相當高：時間成本、場域成本、人員成本、…，利用 AR、VR、MR 將可讓一切成本降到最低：

教育產業	一條活生生的鯨魚在教室中跳出，激起的浪花更讓學生紛紛不自覺的閃躲，臨場感、互動感，這就是虛擬帶來的教學顛覆。
觀光產業	是目前導入 VR 最成熟的產業，讓消費者身歷其境的以 360 度視角來觀賞旅遊地點的介紹。
服飾產業	網路上購買衣服，採用虛擬試衣，提高購買衣服前的品質確認度，更進一步降低賣方後續的退貨處理與物流費用，即使是實體店的銷售也可以利用此系統節省試衣時間。

虛擬實境：產業應用 -02

零售業

餐飲業

運動產業

物流業

零售產業	在實體賣場中，以手機掃描商品即出現商品資訊，動態商品展示，商品相關影像介紹、展示。
餐飲產業	最早的菜單就是文字敘述，進化的菜單加上圖片，現代化的菜單提供餐點 360 度旋轉視角，充分展現餐點的樣態，引起饕客的食慾。
運動產業	Nike 結合虛擬與 IOT 科技，建了一個運動者與自己影子互動的跑步場，讓跑步不再單調，隨時由自己的影子陪跑。
物流產業	物流中心撿貨員穿戴智能頭盔，頭盔中出現智能小幫手，協助撿貨動作，包括行進路線、撿貨貨架、商品，全部由虛擬影像、聲音導引撿貨員，大幅提高作業效率，更降低作業人員的疲憊感。

虛擬實境：產業應用 -03

遊戲產業

虛擬購物環境

房仲業

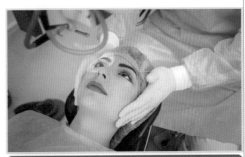

眼科教學

遊戲產業	戴著 VR 影像頭盔，玩家宛如置身於實境中，享受視覺的震撼，坐在會上下移動、左右旋轉的椅子上，玩家感受肢體回饋，就如同實際坐在雲霄飛車中，令人血脈賁張、頭皮發麻！
虛擬購物	以 MR 技術製作商場互動景象，消費者宛如置身實體商場，不只是虛擬影像，更可以和虛擬商場中的人物、環境做互動，日後將有可能改變消費者購物行為模式。
房仲產業	由房仲人員帶著四處看屋是非常耗時的，透過虛擬實境導覽，可協助購屋者作第一階段的快速篩選，選到合適的標的物後，再由房仲人員帶領到現場作細部檢核與評估，大大提高作業效率。
醫學教學	家人住院開刀，都要找大牌名醫執刀，因為醫學是一種深度依賴經驗的技術，大牌天天開刀經驗自然豐富，沒有患者會接受菜鳥醫師試刀，因此臨床醫師養成訓練十分艱難，利用人體虛擬情境的建構，菜鳥醫師可無數次的練習來精進技術。

創新商業模式：晶圓代工

IC（積體電路）是近代電子產品得以迅速發展的最根本技術，電子元件的體積越來越小、功能越來越強大，歸功於 IC 越來越精密，整個 IC 產業大致上可分為 3 個階段：設計→生產→封裝，但隨著 IC 越來越精密，生產的技術也逐漸主宰整個產業發展的關鍵。

IC 生產是一個高度資本、經驗密集的產業，一般的 IC 設計公司完全沒有能力自建生產工廠，因此必須委託大廠（例如：INTEL）代為生產，這就涉及到技術外洩的問題。台灣積體電路公司（簡稱：台積電）就是全球第一家專門替 IC 設計公司服務，提供專業代工生產服務的公司，1986 年公司成立至今，協助許多小 IC 設計公司轉型成為世界大廠，顯卡霸主 NVIDIA 的 CEO 黃仁勳就說：「沒有台積電就沒有 NVIDIA」，今日美中貿易大戰中，華為的 5G 晶片更非要台積電代工生產不可。

台積電的成功起始於獨創的晶圓代工模式，但發展成為全球霸主，卻是仰賴企業核心價值：「誠信正直、承諾、創新、客戶信任」，2020 年 7 月台積電已是全球市值第 9 名企業。

訂閱經濟

從過去租借伺服器儲存資料，到現在 AWS（Amazon Web Services）用多少付多少的雲端空間，從過去百視達租借 DVD 光碟，到現在 Netflix 串流服務，現代人對於購買商品的認知，由「所有權」轉移成「使用權」。

像保時捷推出一個月 2,000 美元，就可以使用特定車款，還享有 18 次換車機會的訂閱服務，不用擔心保養、折舊、稅金等問題。用相對划算的價格就能擁有使用權，更勝實際擁有一台保時捷。

 未來 5 到 10 年，你無法了解你的顧客，將注定失敗！

傳統銷售模式中，產品由各種通路販售給顧客，顧客意見再經由通路反應。不僅分發效率較慢、市場反應不即時，產品始終與顧客的期待有落差。

訂閱模式則是強調即時將產品與服務升級到最新版本，提供彈性的隨訂或隨停方案，透過不斷分析資料，改善用戶體驗，隨時保持最佳客戶關係！

習題

( ) 1. 有關物聯網之商務創新的敘述，以下哪一個項目是錯誤的？

    (A) APPLE 的創辦人是賈伯斯   (B) AMAZON 的 CEO 是貝佐斯

    (C) TESLA 的 CEO 是伊龍馬斯克   (D) 美國創新的搖籃是大峽谷

( ) 2. 有關日本汽車崛起的敘述，以下哪一個項目是錯誤的？

    (A) 生產工藝造就日本車崛起

    (B) 美國經濟大崩跌時省油就是王道

    (C) 汽油價格飆漲 → 省油小車崛起

    (D) 美國人偏好大車

( ) 3. 有關電動車崛起的敘述，以下哪一個項目是錯誤的？

    (A) TESLA 是全球最大純電動車廠

    (B) 京都議定書規定廢氣減排是開發中國家的法律義務

    (C) 汽油車的廢氣排放是廢氣排放的主要來源之一

    (D) 溫室效應造就電動車崛起

( ) 4. 有關電商崛起的敘述，以下哪一個項目是錯誤的？

    (A) 實體商務最大問題在於：時間、地點、距離的約束

    (B) 電子商務 2.0 版：虛實整合

    (C) 電子商務勢必取代實體商務

    (D) 虛實整合：網路引流、實體消費

( ) 5. 有關科技改變生活的敘述，以下哪一個項目是錯誤的？

    (A) 網路免費服務的代價之一就是廣告

    (B) 年輕世代完全融入資訊科技

    (C) FB 是社群軟體

    (D) 銀髮族對於新科技的接受度不高

( ) 6. 有關科技始終來自於人性的敘述，以下哪一個項目是錯誤的？

    (A) 免費音樂平台是無法持久的

    (B) 影、音、娛樂產品的特質：數位化

    (C) 媒體、資料在網路上傳送的費用極低、速度極快

    (D) 雲端資料庫更取代了個人儲存裝置

（　）7. 有關科技始終來自於人性的敘述，以下哪一個項目是錯誤的？

    (A) 社群 APP 可以將一群人圈在一起

    (B) 社群 APP 無法傳送檔案

    (C) 社群 APP 一條訊息可以一次就通知一群人

    (D) 社群 APP 訊息傳遞採取非即時方式

（　）8. 有關科技始終來自於人性的敘述，以下哪一個項目是錯誤的？

    (A) 物聯網可用於糖尿病治療

    (B) 雲端醫療系統可將急救醫療轉變為預防醫療

    (C) 糖尿病不適於遠端醫療

    (D) 物聯網應用於血糖監控提供很大的助益

（　）9. 有關科技始終來自於人性的敘述，以下哪一個項目是錯誤的？

    (A) 自動駕駛是科技與經驗的搭配

    (B) TESLA 車上前後左右有 8 個環景攝影機

    (C) 輔助駕駛功能都已相當成熟

    (D) 目前自動駕駛已達到 L4 等級

（　）10. 有關科技始終來自於人性的敘述，以下哪一個項目是錯誤的？

    (A) 等公車是無耐的宿命

    (B) 公車站的顯示屏幕是物聯網的應用

    (C) UBER 叫車平台是物聯網的應用

    (D) 無人駕駛是交通工具分享經濟的最終解決方案

（　）11. 有關實體商務→電子商務的敘述，以下哪一個項目是錯誤的？

    (A) 網路平台是一種自動化機制

    (B) 阿里巴巴是全球電商始祖

    (C) 網路無距離、更無國界

    (D) 商品在網路的資訊都是公開的

（　）12. 有關電子商務→行動商務的敘述，以下哪一個項目是錯誤的？

    (A) INTERNET 將全球電腦串連在一起

    (B) 全球無線通訊規範由 IEEE 整合成功

    (C) 無線通訊將造成人人聊八卦

    (D) 目前是個人通訊無線化時代

（　）13. 有關行動商務→生活商務的敘述，以下哪一個項目是錯誤的？

    (A) Alexa 是 Amazon 派駐到你家的超級總管

    (B) Alexa 可以聽得懂中文

    (C) AI 人工智慧不斷的從錯誤中學習

    (D) 用手機購買商品是方便的極致

（　）14. 有關科技創造需求的敘述，以下哪一個項目是錯誤的？

    (A) Amazon Go 是電子書

    (B) Amazon Echo 是家庭管家

    (C) AWS 是雲端服務

    (D) 全球處於產能過剩的情況

（　）15. 有關創新的兩難的敘述，以下哪一個項目是錯誤的？

    (A) Kindle 是 Amazon 開發的電子書閱讀器

    (B) 創新是成功廠商的最愛

    (C) 創新的左手打敗既得利益的右手，違反人性

    (D) 當市場趨於成熟時大多形成寡占市場

（　）16. 有關偉大企業家的敘述，以下哪一個項目是錯誤的？

    (A) 現實主義是一種短期式的經營策略

    (B) Amazon 不斷投入資本研發創新

    (C) Amazon 在創業初期即被華爾街分析師視為明日之星

    (D) Amazon 將降低的成本回饋給顧客

（　）17. 有關賈伯斯的三句經典名言，以下哪一個項目不是賈伯斯說的？

    (A) 要求傑出人才聽命行事，是無意義的

    (B) 創新是領導者和追隨者的分野

    (C) 消費者並不知道自己要什麼

    (D) 成功的人找方法、失敗的人找藉口

（　）18. 有關 APPLE 產品演進的敘述，以下哪一個項目是錯誤的？

    (A) APPLE 的企業精神是：Think smart.

    (B) 大學輟學讓賈伯斯認識印刷美學

    (C) 賈伯斯認為他人生的轉折都是上帝的恩典

    (D) 亞洲的教育過於僵固難以培養創新人才

( ) 19. 有關 APPLE 產品演進的敘述，以下哪一個項目是錯誤的？

    (A) iOS 是 APPLE 的作業系統

    (B) APPLE 產品被競爭對手大量複製

    (C) APPLE 是資訊產業獲利王

    (D) iCloud 是 APPLE 雲端服務系統

( ) 20. 有關商品：創新研發的敘述，以下哪一個項目是錯誤的？

    (A) APPLE 的 LOGO 上寫著：Think different.

    (B) TESLA 是全球第一家純電動車量產製造商

    (C) Dyson 研發的引擎獨步全球

    (D) hTC 目前轉入虛擬實境產品研發

( ) 21. 有關服務：創新研發的敘述，以下哪一個項目是錯誤的？

    (A) iParking 是停車自動繳費系統

    (B) UBER EATS 是網路點餐平台

    (C) TESLA 的車用軟體系統可以線上更新

    (D) Alexa 是貝佐斯的女朋友

( ) 22. 有關商業模式：創新研發的敘述，以下哪一個項目是錯誤的？

    (A) 使用 YouTube 觀看影片必須付費

    (B) UBER 的彈性收費機制可有效調節尖峰時段的需求與供給

    (C) AWS 是亞馬遜雲端服務

    (D) 台積電就是全球第一家專業 IC 代工廠

( ) 23. 有關物聯網：改變廣告模式的敘述，以下哪一個項目是錯誤的？

    (A) 電子商務時代：進行無差異行銷

    (B) 行動商務時代：e-mail 是主流行銷工具

    (C) 物聯網時代：購物進入自動化時代

    (D) 雲端商務時代：進入一對一行銷時代

( ) 24. 有關物聯網：改變保險業計價模式的敘述，以下哪一個項目是錯誤的？

    (A) 車輛裝置 GPS 系統，大幅降低竊盜發生

    (B) 車輛險計費更改為：駕駛習慣

    (C) 人壽保險：意外死亡大幅提高

    (D) 產物保險：費率大幅降低

（　）25. 有關少子化、高齡化產業政策的敘述，以下哪一個項目是錯誤的？

(A) 高齡化對於醫護產業是人口紅利

(B) 產業外移是台灣經濟不振的主因之一

(C) 少子化是造成高齡化的主因之一

(D) 少子化是生育能力降低所造成

（　）26. 醫療照護產業自動化包含 4 個主要產業，以下哪一個項目是錯誤的？

(A) 保險業 　　　　　　　　(B) 紡織業

(C) 通訊業 　　　　　　　　(D) 醫療業

（　）27. 有關老人照護自動化的敘述，以下哪一個項目是錯誤的？

(A) PEPPER 是鴻海與日本軟銀共同推出的機器人

(B) 外勞看護是長久策略

(C) 機器人看護是未來必然的選擇

(D) ZENBO 也是一款陪伴型機器人

（　）28. 有關社區醫療網的敘述，以下哪一個項目是錯誤的？

(A) 社區志工活動有益老人健康

(B) 老人去老人園玩遊戲，就如同小孩上幼稚園一般

(C) 年輕人「陪伴換宿」活動是台灣首先推出的

(D) 社區照護的發展可大幅降低老人對於醫療的依賴

（　）29. 有關偏鄉醫療困境的敘述，以下哪一個項目是錯誤的？

(A) 偏鄉缺醫師 　　　　　　(B) 偏鄉缺醫院

(C) 偏鄉缺選票 　　　　　　(D) 醫生缺愛心

（　）30. 有關偏鄉醫療解決方案的敘述，以下哪一個項目不是正確的解決方案？

(A) 政府立法 　　　　　　　(B) 預防醫療

(C) 年輕醫師參與 　　　　　(D) 遠端看診

（　）31. 有關 Coaido119 緊急救援的敘述，以下哪一個項目是錯誤的？

(A) 結合無人機

(B) 是台灣開發的

(C) 提供 AED

(D) 包含急救合格的人員參與

（　）32. 有關以科技解決偏鄉問題的敘述，以下哪一個項目是錯誤的？

(A) 南迴公路上沒有一間有病床的醫院

(B) 以科技解決偏鄉醫療才是理性解決問題

(C) 「笨蛋，問題在經濟」是美國總統川普說的

(D) 偏鄉醫療被忽略是因為人少→選票少

（　）33. 有關台灣產業缺乏創新、整合的敘述，以下哪一個項目是錯誤的？

(A) 家庭教育不鼓勵創新

(B) 學校教育缺乏團隊合作

(C) 社會充滿投機氣氛

(D) 台灣在智慧衣產業發展十分耀眼

（　）34. 有關異業整合創新的敘述，以下哪一個項目是錯誤的？

(A) 美國薪資較高原因：政府效能高

(B) Google 和 LEVIS 合作設計智慧衣

(C) LEVIS 是全球牛仔服飾領導品牌

(D) 智慧衣是最便利的穿戴裝置

（　）35. 有關產業護城河的敘述，以下哪一個項目是錯誤的？

(A) 台灣淪為「代工」生產的角色是因為缺乏整合能力

(B) Apple 產品不被抄襲，是因為公司規模太大

(C) 台灣政府產業整合能力極為弱化

(D) 單一技術很難確保競爭優勢

（　）36. 有關醫療產業創新與整合的敘述，以下哪一個項目是錯誤的？

(A) 雲端醫療網可解決病患重複就醫及重複用藥的問題

(B) 行動裝置可縮短醫師照護病人的距離

(C) 5 大外科乏人問津是因為薪資偏低

(D) 達文西醫療機器人可降低醫療糾紛

（　）37. 有關以科技解決醫患的敘述，以下哪一個項目是錯誤的？

(A) 50 歲以上的外科醫師有體能上的限制

(B) 達文西系統是直覺手術公司所開發

(C) 達文西系統提供體內 3D 影像

(D) 達文西是來自醫界創新

（　）38. 有關 Ubike 系統的敘述，以下哪一個項目是錯誤的？

    (A) 物聯網技術是成功關鍵

    (B) 完整的管理模式是成功的要素

    (C) 它成功整合交通系統、後勤維修、停車樁管理

    (D) Ubike 與市內公車系統是整合的

（　）39. 有關電子支付的敘述，以下哪一個項目是錯誤的？

    (A) Line Pay 是一種線上支付

    (B) 企業推動線上支付目的是著眼於大眾行銷

    (C) 偽鈔是實體貨幣的一大問題

    (D) 電子支付對於企業而言，重點在於客戶關係管理

（　）40. 有關 NFC 的敘述，以下哪一個項目是錯誤的？

    (A) 近距離通訊是由 RFID 演變而來

    (B) 是一種短距高頻的無線電技術

    (C) 近距離傳輸容易導致駭客侵襲

    (D) 信用卡也是 NFC 技術的應用

（　）41. 有關電子支付的敘述，以下哪一個項目是錯誤的？

    (A) Apple Pay 屬於行動支付

    (B) Paypal 屬於第三方支付

    (C) 微信支付屬於電子支付

    (D) 電子支付個人銀行帳戶必需有存款

（　）42. 有關第三方認證的敘述，以下哪一個項目是錯誤的？

    (A) 支付寶是全球最大電子支付

    (B) PayPal 是全世界第一個電子支付

    (C) 台灣電子支付落後全球主要是因為立法院怠惰

    (D) 第三方支付平台可降低網路交易詐騙

（　）43. 有關衛星定位技術 GPS 的敘述，以下哪一個項目是錯誤的？

    (A) 汽車導航器是使用 GPS 技術

    (B) GPS 是一個需要付費的系統

    (C) GPS 由美國國防部研發

    (D) GPS 提供全世界不需申請即可使用

( ) 44. 有關室內定位技術 iBeacon 的敘述，以下哪一個項目是錯誤的？

    (A) iBeacon 是一種微定位技術

    (B) iBeacon 技術是 Apple 開發的

    (C) iBeacon 採用紅外線技術

    (D) 購物商場使用 iBeacon 技術鎖定商場內客戶

( ) 45. 有關物聯網科技行銷的敘述，以下哪一個項目是錯誤的？

    (A) 引客：以優惠、特價訊息，將店外的行人吸引到店內

    (B) 集客：在顧客所在的產品區發送精準的特惠商品訊息

    (C) 精準行銷：為客戶提供量身訂製的客戶服務

    (D) 新客戶開發是企業首要的任務

( ) 46. 有關 Ubike 分享模式的敘述，以下哪一個項目是錯誤的？

    (A) 大陸 ofo 分享單車採用無停車樁系統非常成功

    (B) Ubike 系統連結：手機、悠遊卡、停車樁、自行車

    (C) Ubike 採取悠遊卡付款

    (D) 固定停車樁提供車輛管理功能

( ) 47. 有關服務整合平台的敘述，以下哪一個項目是錯誤的？

    (A) 傳統商務時代金店面很值錢

    (B) internet 是服務整合平台的關鍵技術

    (C) 百貨公司就是一種經營賣場的產業

    (D) 網路商店是買賣業的整合平台

( ) 48. 有關計程車派車服務的敘述，以下哪一個項目是錯誤的？

    (A) 計程車是目前都會交通運輸最便利的選擇

    (B) 透過叫車 APP，顧客的乘車紀錄形成大數據

    (C) 交通尖峰時間計程車賺錢最多

    (D) 交通離峰時間叫車需求少

( ) 49. 有關 UBER 叫車服務的敘述，以下哪一個項目是錯誤的？

    (A) Uber 是將閒置車輛資源與客戶需求做整合

    (B) UBER 最大效益在於調節乘車的供給與需求

    (C) Uber 屬於資源再利用的概念

    (D) UBER 的車型、費率都是固定的

( ) 50. 有關美食外送的敘述，以下哪一個項目是錯誤的？
(A) 目前大型飲食集團拒絕加入美食外送平台服務
(B) 上班族、年輕族群是美食外送的消費主力
(C) 服務員按件計酬，大大提高服務效率與服務品質
(D) Uber Eats、foodpanda 是台灣兩大美食外送品牌

( ) 51. 有關民宿分享 AIRBNB 的敘述，以下哪一個項目是錯誤的？
(A) AIRBNB 提供「當地住家」的體驗
(B) Air = 空調
(C) Bed = 床
(D) Breakfast = 早餐

( ) 52. 有關旅店通路創新的敘述，以下哪一個項目是錯誤的？
(A) 旅遊訂房 APP 提供消費者即時利益
(B) 旅遊訂房 APP 平台整合供給與需求
(C) 目前國際型大飯店仍然採用獨立通路
(D) 旅遊訂房 APP 平台是客戶大數據的積累

( ) 53. 有關分享經濟的敘述，以下哪一個項目是錯誤的？
(A) 租賃是一種費用
(B) Ubike 是共享單車
(C) 購買是一種資產
(D) 租賃影印機將造成費用增加就是浪費

( ) 54. 有關無人化分享經濟的敘述，以下哪一個項目是錯誤的？
(A) 共享無人機是天方夜譚
(B) 目前台灣已開辦共享機車
(C) 未來分享汽車會成為主流
(D) 一般個人購車不符合經濟效益

( ) 55. 有關虛實整合 O2O 的敘述，以下哪一個項目是錯誤的？
(A) 網路商城適合交易過程的前期作業
(B) 新零售是建構企業更優質的經營平台
(C) 實體商城適合交易過程後期作業
(D) 網路商城可以輕易鎖定潛在消費者

（　）56. 有關讓家成為入口的敘述，對於 Amazon 客戶服務創新，以下哪一個項目是錯誤的？

(A) Alexa 就是一個超級家庭助理

(B) 按一下 Button 便自動發出採購單

(C) ECHO 是 Google 的產品

(D) 對著麥克風說「蘋果」，Dash 就可發出訂單

（　）57. 有關通路轉移：服飾業的敘述，以下哪一個項目是錯誤的？

(A) ZOZOSUIT 電子衣可精確量測身體各部分尺寸

(B) ZOZOSUIT 電子衣是 ZOZOTOWN 的免費贈品

(C) LE TOTE 的商品可以改租為買

(D) LE TOTE 的成功在於買衣服的便利性

（　）58. 有關通路轉移：眼鏡業的敘述，以下哪一個項目是錯誤的？

(A) WARBY PARKER 的 APP 模擬系統是採用虛擬實境技術

(B) 將眼鏡拆解為：鏡片 + 鏡架是本案例成功的關鍵

(C) 本案例的消費程序：使用→選擇→購買

(D) WARBY PARKER 提供免費物流

（　）59. 有關通路轉移：家具業的敘述，以下哪一個項目是錯誤的？

(A) 家具賣場逐漸演變為展場

(B) 家具展場提供消費者貼近實際居家的感覺

(C) 周末逛 IKEA 成為一種不錯的家庭休閒

(D) IKEA 使用擴增實境技術開發家具布置模擬 APP 系統

（　）60. 有關通路轉移：食品業的敘述，以下哪一個項目是錯誤的？

(A) Amazon 收購了全美最大生鮮超市 Whole Food

(B) Amazon 線上生鮮成功因素之一是 VIP 會員群體夠大

(C) 生鮮食品產業進軍網路，目標市場鎖定在中低消費族群

(D) Whole Food 是美國生鮮超市第一品牌

（　）61. 有關通路轉移：計程車業的敘述，以下哪一個項目是錯誤的？

(A) IOT + GPS 是 UBER 的核心技術

(B) 機動費率是解決尖峰、離峰的叫車供需問題的關鍵

(C) 傳統計程車在街上閒逛是一種資源浪費

(D) 交通尖峰時間計程車司機獲利豐厚

（　）62. 有關通路轉移：餐飲業的敘述，以下哪一個項目是錯誤的？

  (A) 一個配送員專屬於一家餐廳

  (B) 黃金店面需求會下降

  (C) 派遣人力需求會大幅提升

  (D) 非核心事業外包將成為產業趨勢

（　）63. 有關通路轉移：餐飲業 - 外帶的敘述，以下哪一個項目是錯誤的？

  (A) 透過手機 APP 可以預點餐點

  (B) 創新商業模式成功的關鍵點在於創造利潤

  (C) 透過手機 APP 可以簡化訂餐作業

  (D) 透過手機 APP 可以線上付款

（　）64. 有關通路轉移：旅遊業的敘述，以下哪一個項目是錯誤的？

  (A) 物聯網時代自由行將取代團體旅遊

  (B) 物聯網時代旅遊房仲網將成為主流通路

  (C) 傳統上旅館業者扮演整個旅遊產品的主導角色

  (D) 遊客透過 GPS 定位系統，克服地理障礙

（　）65. 有關 Agoda 租房案例的敘述，以下哪一個項目是錯誤的？

  (A) 強大的外送服務將促成無店面經營

  (B) 本案例中旅館業者放棄通路自主權

  (C) 本案例中筆者是 agoda 的客戶

  (D) 本案例只是旅遊業的個案

（　）66 有關虛擬實境：產業應用的敘述，以下哪一個項目是錯誤的？

  (A) VR：混合實境

  (B) AR：擴增實境

  (C) 虛擬試衣可同時適用於實體與網路商店

  (D) 利用 AR 可讓一條活生生的鯨魚在教室中跳出

（　）67. 有關虛擬實境：產業應用的敘述，以下哪一個項目是錯誤的？

  (A) 現代化的菜單可提供餐點 360 度旋轉視角

  (B) 手機 APP 只能查閱商品靜態資訊

  (C) 物流智能小幫手可協助揀貨

  (D) 讓自己的影子陪跑的創意來自於 Nike

（　）68. 有關虛擬實境：產業應用的敘述，以下哪一個項目是錯誤的？

(A) 人體虛擬情境的建構可協助菜鳥醫師精進開刀技術

(B) 體感電玩可讓玩家感受肢體回饋

(C) 虛擬商場互動景象是使用 AR 技術製作

(D) 智能賞屋系統可協助購屋者作第一階段的快速篩選

（　）69 有關創新商業模式：晶圓代工的敘述，以下哪一個項目是錯誤的？

(A) IC = 積體電路

(B) IC 製程可粗分為 3 個階段：設計→生產→封裝

(C) IC 生產是一個高度資本、經驗密集的產業

(D) 晶圓代工模式是起源於美國

（　）70. 有關訂閱經濟的敘述，以下哪一個項目是錯誤的？

(A) Netflix 串流服務提供的是影片的「所有權」

(B) AWS 雲端服務是採取租用方式

(C) 案例中保時捷租車方案享有 18 次換車機會

(D) 訂閱模式著眼於保持最佳客戶關係

大數據應用案例

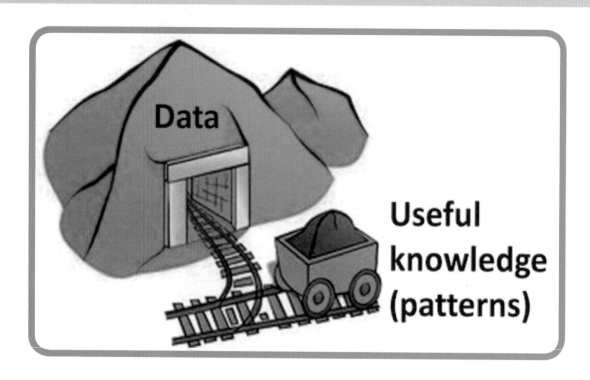

開採煤礦就是將山挖開，在整座山中找尋礦脈，至於淘金那就更費事了，由大量的砂石中將金子淘洗出來，由於高科技商品生產的需求，目前又對稀土金屬有強大的需求，而稀土的開採更是需要高科技技術的精煉。

資訊應用的層次就有如上述的：採礦→淘金→精煉稀土，在物聯網的時代中資訊爆炸性成長，每一個人的移動軌跡、購物清單、線上聊天、製作文件、…，都是資訊，每一個地區的氣候變化、經濟產出、法令頒布、新生兒人數、…，也都是資訊，這些資訊就不斷被堆積到雲端伺服器中，我們稱為大數據，他就有如一座一座的礦山，等待人們去挖掘。

那些資訊是有用的？對誰有用的？甚麼時候才有用？現代煉金術就是由大數據中開採、淘洗、精煉有用的資訊，有些資訊的用處是已知的，有些卻是未知的，例如：採礦、淘金早就為人所知，而稀土金屬卻是近數十年來才被科學家證實它的價值。

智慧行銷：雲端 + AI

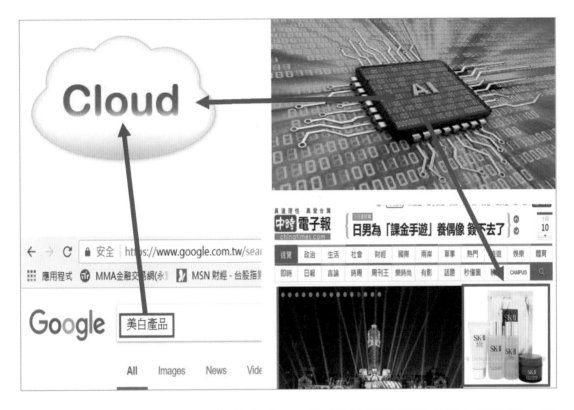

網路平台很貼心，好像我肚裡的蛔蟲，都知道我愛聽什麼音樂？喜歡哪一位歌手？連續劇追到哪一集？甚至我想買什麼東西都知道！天啊！一定有駭客躲在我床下，偷窺我的一舉一動！

的確有人偷窺，但卻是躲在螢幕後方！你在網路上所有的操作行為都被記錄下來，因此當你進入 YouTube 時，你的首頁上就最會出現你喜愛的歌手或相關歌曲，登入 Google 時，就會出現你預計購買商品的相關廣告，這不是巧合，是 Cloud 雲端資料庫、AI 人工智慧的結合。

有一位老教授問我：「Google 所有的服務消費者都不用付費，那 Google 靠什麼賺錢？」，消費者不用付錢是因為簽了賣身契，Google 將你的行為賣給相關廠商，例如：你上網搜尋「美白」，一星期內跟你一樣的消費者假設有 2,000 人，這一份名單賣給 SK-II 就值錢了，目標精準的潛在消費者名單，千金難買！

Google、YouTube、⋯，免費的服務誰能抗拒，記得！現代經濟的重要課題之一：「找到對的人來買單！」。

博客來：勾勒具體客群形象・精準行銷

台灣最大的網路書店博客來曾與中研院合作，將購書資訊與使用者的年齡、年收入等資料進行分析，找出不同消費者偏好的書籍種類，勾勒出消費者形象。在商業理財類別，研究者就發現：

- 25 歲以前的消費者偏好購買「生涯規劃」類別的書籍
- 30 歲以後的消費者則會受「快速致富」等主題所吸引
- 如果財經類別使用「輕鬆」一詞做書名的書籍較暢銷
- 如果語言學習類別使用「輕鬆」一詞做書名，則有反效果

透過大數據分析出客群的具體形象，就能幫助出版商與經銷商在行銷時掌握客群心理，並制定更精準的行銷策略。

案例：Target 孕婦專案

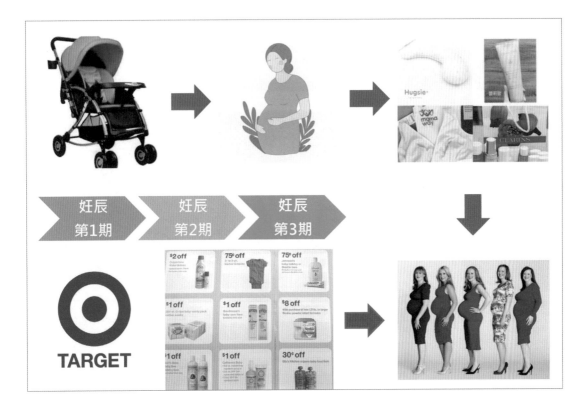

美國著名零售商 Target 想要擴展孕婦相關產品市場，因此找資訊部門支援，希望可以找出目前懷孕的客戶，但客戶是否懷孕是客戶的個人資訊，資訊系統中當然不會有這樣的資料。

他們就進行一項專案計畫，實施步驟如下：

A. 合理假設購買嬰兒床、嬰兒車的客戶或家人是懷孕的人。

B. 將這些客戶的銷貨紀錄做重疊比對，找出孕婦的【購物共同清單】。

C. 根據孕婦共同清單，合理推斷出 Target 客戶【目前懷孕名單】。

D. 根據目前懷孕名單，再仔細核對個人購買明細，判斷懷孕客戶目前屬於妊辰第 N 期。

E. 製作孕婦商品專屬 Coupon（折價券），不露痕跡的將當期的 Coupon 寄送給客戶。

資料是死的，人是活的，讓資料說話就是一門科學！

案例：Snickers 憤怒指數

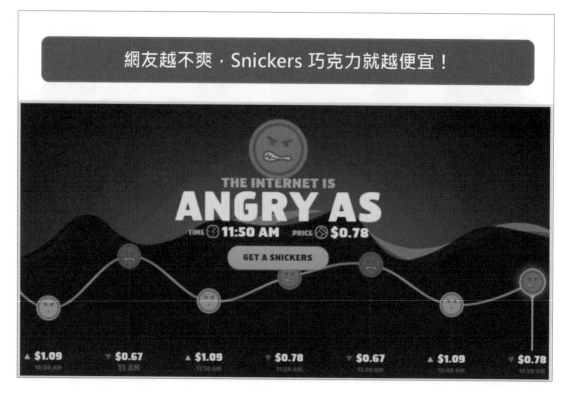

全球的網路酸民脾氣都不太好，澳洲當然也不例外，知名巧克力品牌 Snickers 卻充分利用此網路現象進行商品行銷，Snickers 與美國麻省理工學院合作，開發出「飢餓演算法」（Hungerithm），抓取社群媒體上的公開 PO 文，若該時段表達憤怒的 PO 文越多，則 7-11 賣的 Snickers 巧克力就會越便宜，價格會在「非常開心」時的 1.3 美元，到「即將爆走」時的 30 分美元之間變化。人們可以在網站上看到目前的巧克力條價格。只要把條碼儲存到手機中，大家就可以到 7-11，用更便宜的價格買到巧克力條。

行銷方案成功的 3 個關鍵點：

- ⊘ 突顯吃巧克力可以舒緩情緒的產品功能
- ⊘ 以網路數據與消費產生連動、互動
- ⊘ 引起媒體注意，擴大行銷效果

Amazon 大數據

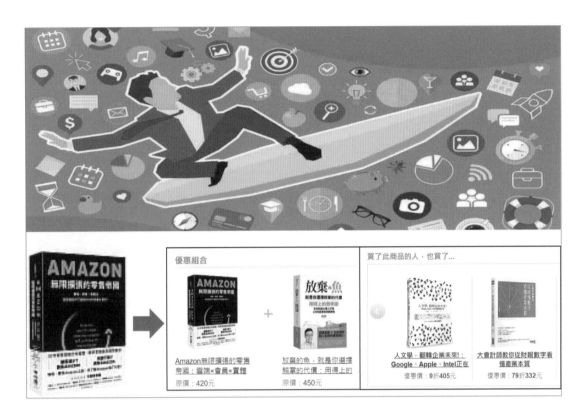

一般消費者進入賣場多半是瀏覽商品，並沒有很強烈的目標性，因此如果逛不到喜愛的東西就會空手出場，如果賣場中有一位資深又親切店長情況就不同了：

新客戶	熱情寒暄，根據客戶的外型判斷客戶屬性，推薦適合商品
舊客戶	根據對客戶的認識，將目前新產品推薦適合客戶
成交後	熱心告知目前促銷活動的加值組合商品

亞馬遜的大數據系統，不僅從每個用戶的購買行為中獲得信息，還將每個用戶在其網站上的所有行為都記錄下來：頁面停留時間、用戶是否查看評論、每個搜索的關鍵詞、瀏覽的商品等等，就如同一個資深的店長，親切的服務並推薦適合的商品給每一位逛商場的客戶，以下是兩個最熱門的功能：

推薦	買過 X 商品的人，也同時買過 Y 商品
優惠組合	針對已選購的商品 X，推薦加購商品 Y 的行銷活動。

這一切都是經過嚴謹的大數據運算的結果，推薦成功率相當高！

🔬 Google 搜尋引擎

Google 的強項是搜尋引擎,因為 Google 背後的大數據上通天文下知地理,因此遇到疑難雜症時,用戶的一個想到的就是:「問一下古大哥(Google)」,Google 的搜尋引擎功力獨步全球,彈指之間就可為用戶找到相關資料,不論是用戶的問題或是搜尋的結果,都被 Google 紀錄下來,再次擴增 Google 大數據內容,因此:古大哥越來越聰明→反應越來越快→用戶越來越愛,因此Google 成為入口網站。

擁有有用戶搜尋紀錄的 Google,就如同是用戶的閨密一般,完全掌握用戶的消費興趣、行為,這些資料就成為用戶上網時出現廣告的排序依據,更是Google 向廠商收錢的依據,這就是 Google 的商業模式。

另外,企業安裝「谷歌分析」之類的產品來追蹤訪問者在其站點的足跡,谷歌不僅可以洞察自己網站上廣告的展示效果,同樣還可以對其他廣告發布站點的展示效果一覽無餘。

UPS 最佳配送路徑

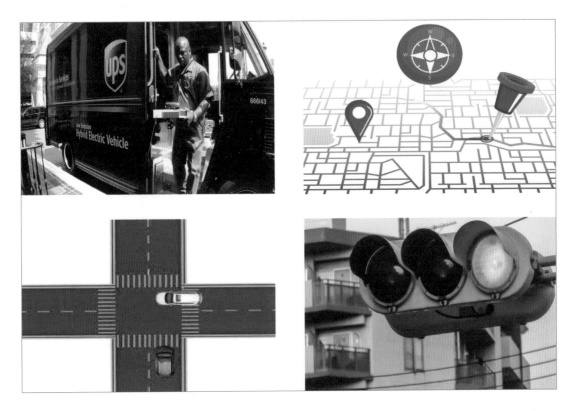

貨運卡車是快遞公司最主要的生財工具，貨運卡車幾乎是日以繼夜的馬路上行駛，行車效率、車輛折舊、汽油消耗、交通事故損失這 4 個項目，是公司獲利與否的關鍵因素，而一般人所想到的行駛路徑優化，不外乎：最短行程、最速行程，但如何達到呢？請看以下案例：

美國郵包公司（UPS 優必速）是率先把「地理位置」資料化的成功案例。他們透過每台貨車的無線電設備和 GPS，精確知道車輛位置，並從累積下來無數筆的行車路徑，找出最佳行車路線。從這些分析中，UPS 發現十字路口最易發生意外、紅綠燈最浪費時間，只要減少通過十字路口次數，就能省油、提高安全。靠著資料分析，UPS 一年送貨里程大幅減少 4,800 公里，等於省下 300 萬加侖的油料及減少 3 萬噸二氧化碳，安全性和效率也提高了。

eBay 購物行為分析

eBay 於 2006 年成立大數據分析平台，用以準確分析用戶的購物行為，以促進業務創新和利潤增長，這個平台定義了超過 500 種類型的數據，對顧客的行為進行跟蹤分析，2 種具體的應用介紹如下：

行為分析	在早期，eBay 網頁上的每一個功能的更改，通常由對該功能非常了解的產品經理決定，判斷的依據主要是產品經理的個人經驗。而通過對用戶行為數據的分析，網頁上任何功能的修改都交由用戶去決定。「每當有一個不錯的創意或者點子，我們都會在網站上選定一定範圍的用戶進行測試。通過對這些用戶的行為分析，來看這個創意是否帶來了預期的效果。」
廣告分析	更顯著的變化反映在廣告費上。eBay 對網際網路廣告的投入一直很大，通過購買一些網頁搜索的關鍵字，將潛在客戶引入 eBay 網站。

Twitter 用戶情緒指數

Twitter 被形容為【網際網路的簡訊服務】，在重要事件發生時 Twitter 的資訊量經常會突然猛增，舉例如下：

◎ 2009 年美國歌手麥可‧傑克森去世時，每小時 100,000 條訊息。

◎ 2010 年世界盃足球賽日本隊與喀麥隆隊爭冠，每秒鐘 2,940 條資訊。

◎ 2010 年 NBA 總決賽洛杉磯湖人隊贏得勝利，每秒鐘 3,085 條訊息。

◎ 2020 年世界盃比賽中日本隊擊敗丹麥隊，每秒產生的 3,283 條訊息。

美國總統 TRUMP 大概是 Twitter 最狂熱的粉絲之一，幾乎所有國家政策都透過 Twitter 發布，Twitter 彷彿成為美國政府的官方媒體。

DataSift 數據服務公司取得 Twitter 數據授權，開發一款金融數據產品，就是利用電腦程式分析全球 3.4 億個 web 帳戶留言，進而判斷民眾情緒，再以「1」到「50」進行評分。DataSift 根據評分結果來決定股票投資策略：

◎ 如果所有人似乎都很高興 → 買入股票

◎ 如果大家的焦慮情緒上升 → 拋售股票

TESCO 精準行銷、營運

TESCO（特易購）是全球利潤第二大的零售商，這家英國超級市場巨人從用戶行為分析中獲得了巨大的利益。從其會員卡的用戶購買記錄中，TESCO 可以了解一個用戶是什麼「類別」的客人，如速食者、單身、有上學孩子的家庭等等，通過郵件或信件寄給用戶的促銷可以變得十分個性化，店內的促銷也可以根據周圍人群的喜好、消費的時段來增加針對性，從而提高貨品的流通。另外，TESCO 每季會為顧客量身定做 6 張優惠券：

> 4 張：客戶經常購買的貨品

> 2 張：根據該客戶消費數據分析，可能在未來會購買的產品

這樣的低價促銷無損公司整體的盈利水平，通過追蹤這些短期優惠券的回籠率，了解到客戶在所有門店的消費情況。

生鮮食品是連鎖超市的主要營業項目，大量冰箱 24 小時運轉，因此電費成為商場營運費用的主角，TESCO 收集了 700 萬部冰箱的耗電數據。並通過對這些數據的分析，進行更全面的監控並進行主動的維修以降低整體能耗，降低營運成本。

大數據：水管壓力檢測

水，向來是個不好管理的東西：自來水公司發現某個水壓計出現問題，可能需要花上很長的時間排查共用一個水壓計的若干水管。等找到的時侯，大量的水已經被浪費了。以色列一家名為 Takadu 的水系統預警服務公司解決了這個問題。

Takadu 把埋在地下的自來水管道水壓計、用水量和天氣等檢測數據搜集起來，通過亞馬遜的雲服務傳回 Takadu 公司的電腦進行算法分析，如果發現城市某處地下自來水管道出現爆水管、滲水以及水壓不足等異常狀況，就會用大約 10 分鐘完成分析生成一份報告，發回給這片自來水管道的維修部門，報告中，除了提供異常狀況類型以及水管的損壞狀況——每秒漏出多少立方米的水，還能相對精確地標出問題水管具體在哪裡。

物聯網時代的偵測裝備具備：體積小、易安裝、低成本的特性，因此任何裝置、地點、場域都可配置具有通訊功能的偵測器，因此 Takadu 可以在短時間內輕易找出漏水的管線。

節能報告書

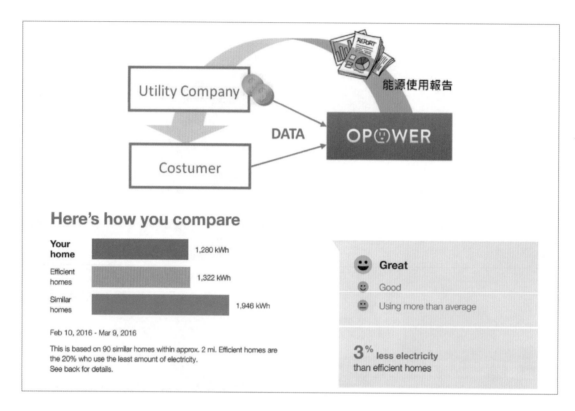

互相攀比是人類的天性，善用此天性就可激勵士氣、提高效率，例如，政府機構收集不同地點從事同類工作的多組員工的數據，將這些信息公諸於眾就可促使落後員工提高績效。

Opower 是一家專注於能源管理的公司，Opower 與多家電力公司合作，分析美國家庭用電費用並將之與周圍的鄰居用電情況進行對比，被服務的家庭每個月都會受到一份對比的報告，顯示自家用電在整個區域或全美類似家庭所處水平，以鼓勵節約用電。

Opower 的服務已覆蓋了美國幾百萬戶居民家庭，預計將為美國消費用電每年節省 5 億美元。Opower 報告信封，看上去像帳單，它們使用行為技術輕鬆地說服公用事業客戶降低消耗。

Opower 已經推出了它的大數據平台 Opower4，通過分析各種智能電錶和用電行為，電力公司等公用事業單位成為 Opower 的盈利來源。而對一般用戶而言，Opower 完全是免費的。

攝影膠囊

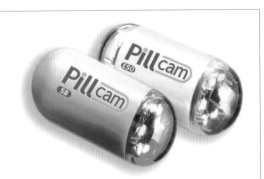

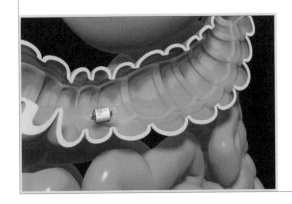
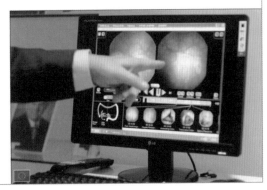

以色列的 Given Imaging 公司發明了一種膠囊，內置微型相機，患者服用後膠囊能以大約每秒 14 張照片的頻率拍攝消化道內的情況，並同時傳回外置的圖像接收器，患者病徵通過配套的軟體被錄入資料庫，在 4 至 6 小時內膠囊相機將通過人體排泄離開體外。

一般來說，醫生都是在靠自己的個人經驗進行病徵判斷，難免會對一些疑似陰影拿捏不準甚至延誤病人治療。現在通過 Given Imaging 的資料庫，當醫生發現一個可疑的腫瘤時，雙擊當前圖像後，過去其他醫生拍攝過的類似圖像和他們的診斷結果都會悉數被提取出來。

可以說，一個病人的問題不再是一個醫生在看，而是成千上萬個醫生在同時給出意見，並由來自大量其他病人的圖像給出佐證。這樣的數據對比，不但提高了醫生診斷的效率，還提升了準確度。

大數據競選

2012 年美國總統大選，歐巴馬競選團隊確定了三個最根本的目標：

1. 讓更多的人掏更多的錢→選民在什麼情況下最有可能掏腰包？

2. 讓更多的選民投票給歐巴馬→選民最有可能被什麼因素說服？

3. 讓更多的人參與進來→何種廣告渠道能高效獲取目標選民？

歐巴馬的數據挖掘團隊經過大量數據分析，得到結論：「影星喬治・克魯尼對美國西海岸 40 歲至 49 歲的女性具有非常大的吸引力」，在克魯尼自家豪宅舉辦的籌款宴會上，為歐巴馬籌集到數百萬美元的競選資金。

歐巴馬團隊的競選訴求打動一般選民的心，因此 98% 捐款來自於小於 250 美元的小額捐款，羅姆尼的小額捐款比例卻只有 30%。

經過縝密的數據分析之後所制定的競選廣告，使歐巴馬團隊的廣告費用 3 億美元，低於羅姆尼團隊的 4 億美元，而 80% 的美國選民仍然認為歐巴馬比羅姆尼讓他們感覺更加重視自己。

榨菜指數

流動人口占比變化
單位：億
資料來源：國家統計局

負責中國「城鎮化規劃」的國家發改委規劃司官員，需要精確知道人口的流動，但如何統計出這些流動人口卻成為難題。

榨菜是一種低價的普及化食品，有錢人、窮人都愛吃，收入高低對於榨菜的消費幾乎沒有影響，因此，城市常住人口對於方便麵和榨菜等方便食品的消費量，基本上是恆定的。銷量的變化，主要由流動人口造成。

根據研究：涪陵榨菜這幾年在全國各地區銷售份額變化，能夠反映人口流動趨勢，因此一個被稱為「榨菜指數」的宏觀經濟指標就誕生了。涪陵榨菜在華南地區銷售份額統計結果如下：

年度	2007	2008	2009	2010	2011
榨菜指數	49%	48%	47.58%	38.50%	29.99%

上表數據顯示：榨菜指數逐年降低→華南地區外來人口不斷流出，且呈現加速趨勢！

氣象保險

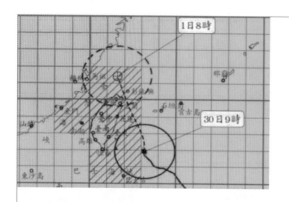

有許多行業被形容為:「看天吃飯」,最典型的莫過於農業,暴雨、颱風、缺水都會造成莫大損失,損失慘重的農民即使獲得政府補助也是血本無歸,因此投保天氣險成為避險的最佳選擇方案。

全球第一家氣象保險公司 WeatherBill(天氣帳單)能為用戶提供各類氣候擔保。客戶登錄 WeatherBill 公司網站,然後給出在某個特定時段不希望遇到的溫度或雨量範圍,網站會在 0.1 秒內查詢出客戶指定地區的天氣預報,以及美國國家氣象局記載的該地區以往 30 年的天氣資料,通過計算分析天氣資料,網站會以承保人的身份給出保單的價格。

除了農業保險之外,出門旅遊、重要戶外路演、舉辦婚禮也都可投保氣候險,一些旅遊相關產業公司也對此新產品深感興趣,甚至於飲料公司都利用氣象大數據資料來調節各地商品庫存。

Nike +：運動社群

Nike+ 是一種以「Nike 跑鞋或腕帶 + 傳感器」的產品，只要運動者穿著 Nike+ 的跑鞋運動，iPod 就可以存儲並顯示運動日期，時間、距離、熱量消耗值等數據。用戶上傳數據到 Nike 社區，就能和同好分享討論。

Nike 和 Facebook 達成協議，用戶上傳的跑步狀態會即時更新到帳戶裡，朋友可以評論並點擊一個「鼓掌」按鈕——神奇的是，這樣你在跑步的時候便能夠在音樂中聽到朋友們的鼓掌聲，Nike 由此掌握了主要城市裡最佳跑步路線的資料庫。有了 Nike+，Nike 組織的城市跑步活動效果更好。參賽者在規定時間內將自己的跑步數據上傳，看哪個城市累積的距離長，憑藉運動者上傳的數據，Nike 已經成功建立了全球最大的運動網上社區，超過 500 萬活躍的用戶，每天不停地上傳數據，Nike 藉此與消費者建立前所未有的牢固關係。海量的數據對於 Nike 了解用戶習慣、改進產品、精準投放和精準行銷又起到了不可替代的作用。

 機票、商品價格預測系統

Farecast 公司開發出預測飛機票未來是漲是跌的服務,關鍵技術是取得特定航線的所有票價資訊,再比對與出發日期的關連性,如果平均票價下跌,買票的事還可緩一緩,如果平均票價上升,系統會建議立即購票。他先在某個旅遊網站取得 1 萬 2,000 筆票價資料,作為樣本,建立預測模型,接著引進更多資料,直到現在,Farecast 手中有 2,000 億筆票價紀錄。

後來他的公司被微軟併購,把這套服務結合到 Bing 搜尋引擎中,平均為每位用戶節省 50 美元。去年被 eBay 併購的價格預測服務 Decide.com,也是 Farecast 創辦人 Oren Etzioni 的傑作。在 2012 年,開業一年的 Decide,已調查超過 250 億筆價格資訊、分析 400 萬項產品,隨時和資料庫中的產品價格比對。從普查中,他們發現零售業祕辛,就是新型號上市時,舊產品竟不跌反漲,或異常的價格暴漲,來警告消費者先等一等,再下手。

機器人醫生

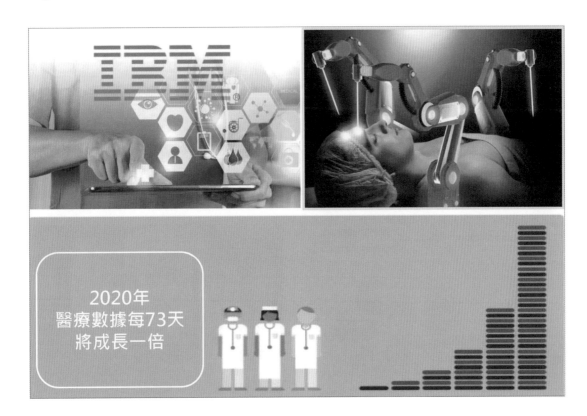

2020年
醫療數據每73天
將成長一倍

IBM 的超級電腦 Watson 機器人已可以用來協助醫生聽診，原因是這樣，已經有一些美國的醫療機構為了避免醫生的問診疏失，開始與 IBM 合作，現在 Watson 會陪同醫生聽診，聽診完它會透過病徵列出病患可能罹患的疾病是哪些。

原本醫生問診完，想到的病徵可能只有三、五個，可是 Watson 會從海量數據分析的角度幫他列出高達 20 個病徵選項，這可以大幅減少醫生疏忽的機會，醫生看了 Watson 的分析報告以後，就知道可以再多問病人什麼問題，來縮小看診判斷誤差，尤其是遠距醫療時，這個服務特別受用。不過 Watson 機器人主要還是做協助的工作，而不會告訴你，就是這個病，最後要把關、負責任的還是醫生本人。

AI 人工智慧的優勢在於：資料量、高速運算，隨著全球醫療案例不斷累積，機器人醫生的醫療診斷建議將會更加精準、成熟，報告指出 2020 年醫療資料每 73 天就以倍數成長。

麥當勞智慧點餐

身為全球首屈一指的速食業者，麥當勞每天服務超過 6,800 萬名顧客，其中大多數都是透過 Drive-thru（得來速）窗口購買餐點，因此麥當勞希望借助機器學習的力量，重塑 Drive-thru 的消費體驗，一併促進銷售額成長。

2019 年麥當勞以 3 億美元收購 AI 新創公司 Dynamic Yield，麥當勞首先將新技術應用在 Drive-thru 的電子菜單上。當顧客駛入麥當勞車道，AI 會依照當下時間、天氣、餐廳熱賣菜單、食材庫存、門市歷史銷售、全球門市銷售、周邊活動等至少 7 個因素，分析出來客可能喜歡的商品，等到客人選定食物後，系統還會提供即時加購品項建議。

簡單說，在涼快的上午 8 點鐘購買兒童套餐，跟傍晚下班時段購買麥脆雞腿餐，系統將顯示不同的加購選項。2019 年底，改造後的 Drive-thru 系統，已導入全美 9,500 間門市。

大數據：災害防治

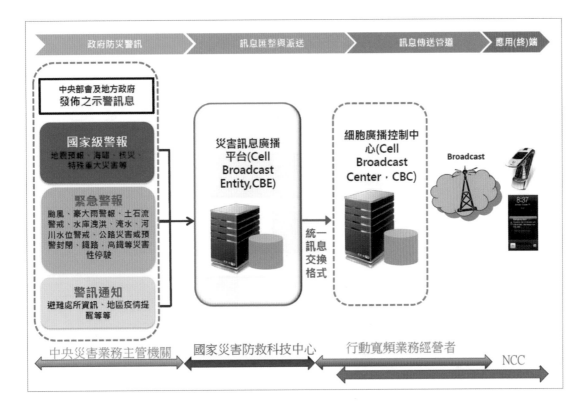

我們常會質疑：萬物聯網所產生的大數據到底有何用途？我們就以一個最近發生的案例來說明大數據的價值：

2020-04-18

我國敦睦艦隊官兵染疫，中央流行疫情指揮中心宣布，將針對染役官兵去過的地點發布細胞簡訊，提醒特定時間內到訪同地點（停留15分鐘以上）的民眾注意身體情況，粗估有20萬人會收到細胞簡訊通知。

國內5大通訊業者的基地台，透過基地台偵測手機電磁訊號，可隨時記錄每一個手機擁有者的即時移動足跡，政府與電信業者合作打造的「電子追蹤系統」，就是一個國民足跡大數據，因此可以掌控染役官兵所遊歷過的地點，更將此資訊傳遞給曾經遊歷此景點的國民，並提醒自主健康管理。

大數據就如同一座礦山，大量的砂石中蘊藏少數的寶石，成功的企業藉由大數據行銷商品，有效能的政府藉由大數據提升行政效率！

亞馬遜：物流贏在大數據

自從執行長貝佐斯在 2018 年以千億身價一躍成為全世界最有錢的人，幾乎不會有人懷疑 Amazon 亞馬遜的賺錢能力。但亞馬遜賣的不是商品，而是物流，是 24 小時把商品送到客戶家門前的能力。

電商服務比的是物流速度，但每一家龍頭企業都卯足全力投資物流中心，要想比競爭對手再快那麼一點點，就必須採取偷跑策略，Amazon 研發了一項新專利【預測式購物】，Amazon 能根據消費者的購物喜好，提前將他們可能購買的商品配送到距離最近的快遞倉庫，一旦消費者下了訂單，立刻就能將商品送到消費者的家門口，如此一來，就能將大幅降低運輸的時間。

為了找出最有機會售出的商品，亞馬遜推算出客戶感興趣的產品，使用大數據掌控物流，最快 30 分鐘就可處理完訂單，並計算出倉庫中最省力的揀貨路徑，與傳統模式相比只需要 40% 的路徑長度，大幅降低揀貨時間，簡省成本。

網路溫度計：政治篇

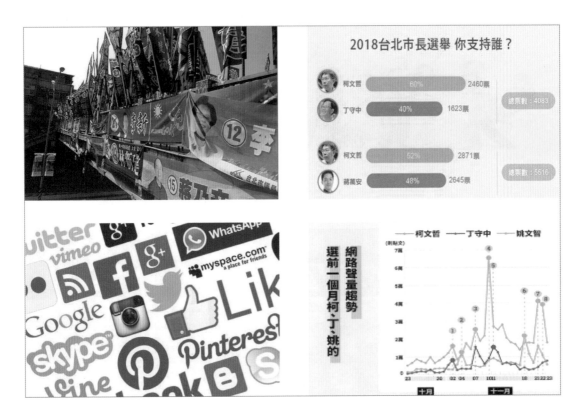

傳統選舉所有候選人拚的是造勢晚會，人越多、場子越嗨表示人氣越旺，但那是上一代人的選舉方式，隨著網路的盛行，年輕世代參與選舉的方式改變了，在網路上：發聲、按讚、貼文、組網軍、…，因此網路聲量成為新型的選舉結果預估工具。

網路溫度計在選舉前針對各縣市候選人在 2018/11/17~2018/11/24 之間的網路聲量進行調查，包括在社群網站與報導中相關文章總篇數、正負面比例，並以此為基準預言各都候選人。結果六都的預言全數命中，大數據看好的候選人全數當選，全台 22 縣市中則成功預言 19 位候選人的當選。

網路盛行讓許多人宅在家中，遊戲軟體熱賣就是市場指標之一，新冠疫情全球肆虐下，更多人足不出戶，因此網路社交正滲入每一個年齡層，台灣各政黨也都全力投資於社群經營，政治網紅、名嘴更成為新興行業，網軍更能創造各式各樣的議題，還可出草灌爆反對者的臉書、網站，令所有鄉民聞風色變！

Netflix 大數據應用：媒合

2013 年起 Netflix（網飛）製播了影片：勁爆女子監獄，在電視界掀起風潮，也讓 Netflix 成為創新的原創娛樂內容創作者。

傳統影片製作公司應用大數據的習慣：由大數據中整理出哪一類的影片題材、哪一類的角色符合觀眾的口味，根據這些資訊，製播影片，這是一種大眾行銷的模式，即使不使用大數據，電視圈的高階主管也都可憑經驗得到相近的結果。

但實際情況是：「每一年全世界生產的影片超過數萬部，消費者面對無數的影片，如何挑到自己喜歡的？」，Netflix 根據消費者過往的選片紀錄，分析出消費者對影片的喜好類型，將適合主題的影片直接推播給適合的觀眾，做的是一種媒合的工作，這才是大數據應用的精隨：個體行銷！

精準氣象預報創造商機

春夏秋冬四季隨著氣溫的改變，人們購買商品的種類就改變了，下雨天雨傘暢銷、夏天冷氣暢銷、冬天火鍋暢銷、…，天氣大大影響人們的消費，因此【天氣】也是一門好生意，超精準的天氣預測，是企業決策時的重要參考，不僅能做風險管理，還能搶奪先機。

Google 發現	突發的天氣情況會導致短時間內大量銷售物品
Google 宣稱	Google 的技術可以精準預測消費者的季節性需求

具體作法：

雪季	每年開始下雪的第一天，提高保暖衣物、滑雪裝備的搜尋排序
夏季	夏季來臨前夕，把泳衣、防曬產品等等移到關鍵字廣告的前段
雨天	在下雨的夜晚推出電影院、餐點外送的促銷活動
晴天	天氣晴朗的下午推出露天咖啡廳促銷活動

精準天氣預報對於旅遊業、農業更是有深遠的影響！

物聯網與天氣預測

 超前部署：

芝加哥機場曾因連夜大雪關閉，當地的氣象機構預測風雪資料顯示：隔日上午 11 點之後才可以復航，但根據 ClimaCell 的預測，降雪在隔日早上 8 點後就會緩和。JetBlue 航空公司（ClimaCell 的股東之一）得到這個訊息之後，提早進行航班人員和飛機的調度，最後吃下了這三個小時空窗期的所有運量，賺了幾十萬美金。

由於通訊信號傳播的品質會受空氣中的溫度、濕度等條件影響，因此 ClimaCell 與電信公司合作，偵測手機基地台與用戶手機之間連接的訊號品質，藉此推算出該區域的天氣。

ClimaCell 技術和傳統氣象雷達、衛星最大的差異，在於他們把路人的手機、路邊監視器甚至飛機全都變成移動氣象站！同時，也會由路邊監視器的畫面明亮程度判斷雲層厚度，此外，有連網功能的車輛也越來越多，當偵測到駕駛打開雨刷或霧燈，代表當地可能正在下雪或下雨。

硬體免費、資訊共享、價值提升

案例 1	Nest Labs 與電力公司 Electric Ireland 達成協議，只要民眾和該電廠簽署兩年合約，就可以獲得免費的 Nest 溫控器，讓原本售價為 250 美元的溫控器變成 0 元。本來由民眾買單的 Nest 溫控器硬體改由電力公司買單，而電力公司則享有 Nest 使用者的用電大數據，Nest 溫控器的價值從硬體轉移到資料上。
案例 2	奇異公司在波音 787 飛機的 GEnX 引擎中裝設感測器，記錄每次飛行數據，藉此提前一個月預知飛機引擎需要維修，準確率高達 70%，減少飛機突然故障的問題。
案例 3	智慧車商 Tesla 則透過 OTA（on-the-air）線上軟體升級，直接修復有問題的汽車，車主不需用跑維修廠。

習題

( ) 1. 有關大數據應用案例的敘述，以下哪一個項目是錯誤的？

    (A) 大數據：雲端伺服器中的大量資料

    (B) 精煉未知的資料就如同挖礦

    (C) 社群網上的大媽對話也是有用的大數據

    (D) 每一個人的移動軌跡也是有用的大數據

( ) 2. 有關智慧行銷：雲端 + AI 的敘述，以下哪一個項目是錯誤的？

    (A) AI：人工智慧

    (B) 廣告為 Google 主要收入

    (C) Cloud = 烏雲密布

    (D) YouTube 熟知你喜愛的歌曲

( ) 3. 有關博客來：精準行銷的敘述，以下哪一個項目是錯誤的？

    (A) 25 歲以前的消費者偏好「生涯規劃」書籍

    (B) 30 歲以前的消費者偏好「快速致富」書籍

    (C) 掌握客群心理是制定精準行銷的關鍵

    (D) 語文類書籍使用「輕鬆」做書名較暢銷

( ) 4. 有關案例：Target 孕婦專案的敘述，以下哪一個項目是錯誤的？

    (A) 資訊部門應該協助提供客戶個資給行銷部門

    (B) Target 是利用大數據推測孕婦身分

    (C) Target 是利用大數據推測孕婦購物清單

    (D) Target 是利用大數據推測孕婦妊辰周期

( ) 5. 有關案例：Snickers 憤怒指數的敘述，以下哪一個項目是錯誤的？

    (A) 此專案是 Snickers 與美國麻省理工學院合作

    (B) 憤怒指數越高 Snickers 價格越貴

    (C) 此專案以網路數據與消費者產生互動

    (D) 此專案突顯吃巧克力可以舒緩情緒的產品功能

( ) 6. 有關 Amazon 大數據的敘述，以下哪一個項目不是亞馬遜大數據系統所記錄的資訊？

    (A) 搜索的關鍵詞   (B) 瀏覽的商品

    (C) 個人薪資   (D) 用戶是否查看評論

（　）7. 有關 Google 搜尋引擎的敘述，以下哪一個項目是錯誤的？

(A) Google 廣告排序受廠商付費影響

(B) Google 廣告排序受消費者喜好影響

(C) Google 的廣告是企業收入主要來源

(D) Google 是電子商務網站

（　）8. 有關 UPS 最佳配送路徑的敘述，以下哪一個項目是錯誤的？

(A) 最短行程是 UPS 所採取的路徑優化策略

(B) UPS = 優必速 = 美國郵包公司

(C) 汽油消耗、事故損失是公司獲利與否的關鍵因素之一

(D) 減少通過十字路口次數，就能省油、提高安全

（　）9. 有關 eBay 購物行為分析的敘述，以下哪一個項目是錯誤的？

(A) 網頁上功能的更改是依據用戶行為數據分析

(B) 資深產品經理決定網頁功能的更新

(C) eBay 對網際網路廣告的投入採取關鍵字搜索策略

(D) eBay 的創意會先進行用戶測試

（　）10. 有關 Twitter 用戶情緒指數的敘述，以下哪一個項目是錯誤的？

(A) Twitter 被形容為【網際網路的簡訊服務】

(B) 在重要事件發生時 Twitter 的資訊量經常會突然猛增

(C) Obama 是史上最愛使用 Twitter 的美國總統

(D) 民眾情緒會影響股票投資策略

（　）11. 有關 TESCO 精準行銷、營運的敘述，以下哪一個項目是錯誤的？

(A) 本案例中 TESCO 將顧客做分類

(B) TESCO 每季優惠券都是量身訂做的

(C) TESCO 通過追蹤優惠券的回籠率來了解客戶到店的消費情況

(D) TESCO 以犧牲獲利來擴大營業額

（　）12. 有關大數據：水管壓力檢測的敘述，以下哪一個項目是錯誤的？

(A) 本案例採用資深管理員排查漏水點的策略

(B) 水管壓力降低可能是漏水所造成

(C) 多段水管共用一個水壓計是漏水點難以確認的主因

(D) 本案例利用大數據加速漏水點排查

（　）13. 有關節能報告書的敘述，以下哪一個項目是錯誤的？

(A) Opower 是一家能源管理的公司

(B) 節能報告書向用戶收取費用

(C) 節能報告書以數據說服用戶節能

(D) 本案例利用人類互相攀比是的天性進行節能推廣

（　）14. 有關攝影膠囊的敘述，以下哪一個項目是錯誤的？

(A) 攝像膠囊用以拍攝消化道內的情況

(B) 攝影膠囊是以色列 Given Imaging 公司的發明

(C) 膠囊相機將常駐於體內長期監控

(D) 大量照片提高了醫生診斷的正確性

（　）15. 有關大數據競選的敘述，以下哪一個項目不是歐巴馬競選團隊確定的三個最根本目標？

(A) 讓更多的人掏更多的錢

(B) 讓更多的選民投票給歐巴馬

(C) 讓更多的人參與進來

(D) 猛爆對手醜聞

（　）16. 有關榨菜指數的敘述，以下哪一個項目是錯誤的？

(A) 榨菜銷量是與消費者收入呈正相關

(B) 本案例中榨菜銷量的變化是移動人口造成的

(C) 榨菜是一種低價的普及化食品

(D) 榨菜指數能夠反映人口流動趨勢

（　）17. 以下有關於 WeatherBill 公司的敘述何者是錯誤的？

(A) 是一家氣象保險公司

(B) 結婚喜宴不在保險業務範圍

(C) 根據氣象大數據核定保費

(D) 保費試算只需要 0.1 秒鐘

（　）18. 有關 Nike+：運動社群的敘述，以下哪一個項目是錯誤的？

(A) 此案例中 Nike 與 Facebook 合作

(B) Nike 加大社群經營

(C) 此活動是一個噱頭行銷

(D) 跑步的時能夠在音樂中聽到朋友的鼓掌聲

( ) 19. 有關機票、商品價格預測系統的敘述，以下哪一個項目是錯誤的？

    (A) 飛機票價格預測是有科學依據的

    (B) 透過大數據可預測商品價格的起伏

    (C) 機票價格與日期有高度正相關

    (D) 價格預測就如同算命一般

( ) 20. 有關機器人醫生的敘述，以下哪一個項目是錯誤的？

    (A) Watson 機器人醫生會直接提供診斷結果

    (B) AI 人工智慧的優勢在於：資料量、高速運算

    (C) Watson 機器人是 IBM 的超級電腦

    (D) Watson 機器人醫生可以降低醫生疏忽的機會

( ) 21. 有關麥當勞智慧點餐的敘述，以下哪一個項目是錯誤的？

    (A) Drive-thru 是麥當勞的得來速

    (B) 商品推薦系統強打暢銷商品

    (C) 麥當勞以 AI 改善消費體驗

    (D) 當下時間、天氣也是商品推薦系統的推薦考量因素

( ) 22. 有關大數據：災害防治的敘述，對於敦睦艦隊官兵染疫的處理，以下哪一個項目是錯誤的？

    (A) 電子追蹤系統可以掌控染役官兵所遊歷過的地點

    (B) 透過基地台偵測手機電磁訊號，可記錄每一個手機的即時移動足跡

    (C) 電子追蹤系統是中央流行疫情指揮中心獨立作業

    (D) 電子追蹤系統是一個國民足跡大數據

( ) 23. 有關亞馬遜：物流贏在大數據的敘述，以下哪一個項目是錯誤的？

    (A) 亞馬遜 CEO 貝佐斯是全球首富之一

    (B) 電商服務比的是物流速度

    (C) 【預測式購物】是 Amazon 研發的專利

    (D) 亞馬遜物流速度仰賴龐大車隊

( ) 24. 有關網路溫度計：政治篇的敘述，以下哪一個項目是錯誤的？

    (A) 網路新世代對於選舉是無感的

    (B) 網路聲量與當選與否呈現高度正相關

    (C) 網軍打壓不同意見是有違言論自由的

    (D) 台灣各政黨都投入社群經營

( ) 25. 有關 Netflix 大數據應用：媒合的敘述，以下哪一個項目是 Netflix 的強項？

    (A) 社群行銷　　　　　　　　(B) 個體行銷

    (C) 大眾行銷　　　　　　　　(D) 佛系行銷

( ) 26. 有關精準氣象預報創造商機的敘述，以下哪一個項目是台灣梅雨季暢銷商品？

    (A) 化妝品　　　　　　　　　(B) 泡麵

    (C) 雨傘、雨衣　　　　　　　(D) 運動器材

( ) 27. 有關物聯網與天氣預測的敘述，以下哪一個項目是錯誤的？

    (A) 駕駛打開雨刷或霧燈，代表當地可能正在下雪或下雨

    (B) 路邊監視器可成為移動氣象站

    (C) 由路邊監視器的畫面明亮程度判斷雲層厚度

    (D) 路人的手機無法作為移動氣象站

( ) 28. 有關硬體免費、資訊共享、價值提升的敘述，以下哪一個項目是錯誤的？

    (A) 便宜、免費的東西沒有好貨

    (B) Nest 溫控器案例：消費者免費取得溫控器

    (C) 奇異飛機案例：提前一個月預知飛機引擎需要維修

    (D) Tesla 智慧車案例：透過 OTA 線上軟體升級

雲端應用、服務

本 單元將著重於以下 2 個主題：

雲端應用	在行動商務的時代，隨身攜帶行動裝置：智慧手機、平板電腦、筆電都是很平常的，因此隨時、隨地可洽談商務、處理公事，相對的，應用軟體、資料也被移植到雲端了，不會再出現資料存在另外一部電腦的問題了，回憶一下，你的通訊資料、E-Mail、旅遊照片、文件、…，是不是一個一個悄悄的搬上雲端，隨時隨地舉手可得。
雲端服務	物聯網時代來臨，各企業資訊量快速暴增，資訊系統所包含的：軟體、硬體、網路的管理、維護，成為更專業的領域，亞馬遜開發的 AWS 雲端服務系統，提供各企業對於資訊投資的新選擇，以租借代替購買，讓各企業將非核心競爭力的資訊管理系統外包出去。

資訊科技的演進

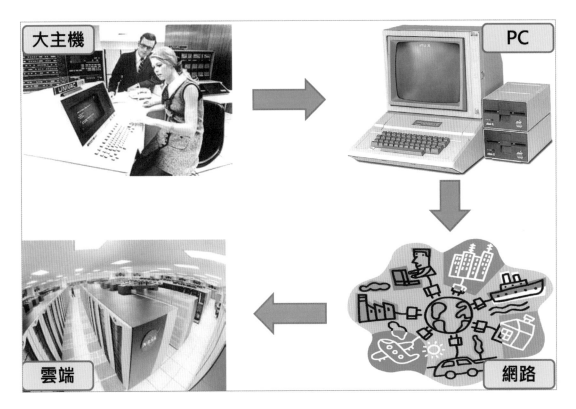

資訊科技大致上歷經了以下 4 個發展階段：

大主機	早期的電腦全部是大型主機，所有人使用終端機連結上大型主機，只有受過專業訓練的人有能力使用電腦，也只有大型企業、國家單位買得起電腦。
PC	Apple 開創個人電腦時代後，藉由便宜、易學的特性，推動全球電腦應用的普及，一般家庭、學校、中小企業都用得起電腦。
網路	區域網路普及將所有 PC 串連在一起，資料分享、軟體分享，讓電腦應用進入爆發期，但…，也造成管理、維護的災難：資料整合難、資料管控難、電腦病毒肆虐。
雲端	目前的雲端服務系統，解決了【PC + 網路】所帶來的軟硬體管理問題，更為新創企業、全球化企業帶來快速建立、擴展資訊系統的便利。

雲端應用

區域網路普及 + PC 易學易用快速推進：資訊教育、資訊應用，但也產生資訊管理混亂的後遺症，有了問題也就有了新商機，【雲端應用】就是結合網路便利與資訊管理的解決方案。

郵件	你的郵箱放在雲端，全世界旅遊、洽公都可以取得舊信件，更不會因為主機毀損、換新機、中毒而遺失舊資料。
檔案	檔案存放在自己的主機中，資訊無法分享，傳送、寄送給同事、朋友可能同時傳送病毒，若將檔案存在雲端硬碟中，你的同事、朋友經過你的授權後由雲端下載，當然雲端主機也可能有病毒，但機率小多了，因為有專業的維護。
應用軟體	每一次軟體更新需要購買新版軟體，更必須重新安裝軟體，耗費人力、財力，將應用轉體安裝在雲端伺服器上，就沒有軟體更新的問題，購買軟體也轉變為租用軟體。

目前 Google 是雲端應用的領導廠商！

免費的時代 ...

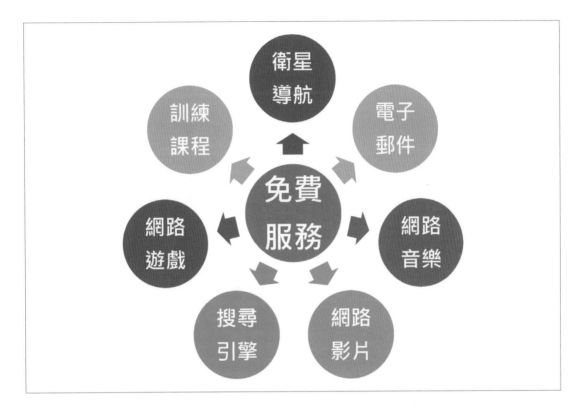

這個免費、那個免費，網路上的東西幾乎都是免費，例如：Google Map（網路地圖）、YouTube（線上影音）、Google（搜尋引擎）都是免費，那這些廠商靠什麼維生呢？

美國是創業家的天堂，華爾街有取之不盡的資金，你只要有想法就可拿著創業方案到華爾街對投資者狂噴，或有機會實現春秋大夢！

網際網路為商業開創一個未知的領域，沒有人知道結果會如何？但都堅信一點：人潮創造錢潮，而免費服務就是聚集人潮的不二利器，很遺憾的 2001年網路泡沫破裂，只會燒錢而無具體商業模式的公司全部陣亡，雖然一般消費者已養成免費的習慣，但也另外培養出一批高端消費者，願意付費取得高品質的服務，以 YouTube 為例，聽歌、看影片不必付錢，業者只好插播廣告，你沒付錢當然就只好忍受，以筆者而言，已經深度中毒（每天收聽、收看），就覺得廣告很煩，因此乖乖付錢繳費，Google 雲端硬碟也是一樣，開始不用錢，一旦成為深度使用者就會乖乖付錢，這就是高端的行銷技巧：養→套→殺！

消費者個資

方便+效率+成本 vs. 隱私權

網友雖然簽了賣身契，個人資訊可以供企業使用，但仍必須在一定的規範下進行，Facebook 為了快速擴展業務，將 FB 用戶個資開放給所有合作的第三方開發商，臉書被爆出 5,000 萬筆個資遭外洩濫用，並於 2016 年美國總統大選時干涉選舉，CEO 佐伯克也被美國國會立案調查，美、德兩國近 6 成民眾對臉書不信任，企業陷入危機。

已故 APPLE 創辦人賈伯斯，在 2010 年就對 FB 濫用個資的快速發展模式提出警告：「消費者個資必須謹慎使用，要不厭其煩地提示消費者，他的資訊如何被使用」，而不是簡單在網頁上標示「公開 / 不公開」的選項，這是一個永續經營企業的商業抉擇。

一個企業崛起靠的是機會與智慧，但想要成為百年企業卻必須有「以客為尊」的經營理念，剃羊毛的商業手法只能短期成長，是走不遠的！

AWS：雲端服務的創始者

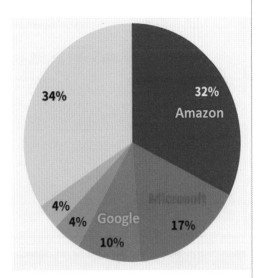

郵件、資料、應用軟體都可以轉移到雲端，那硬體、網路、設備、作業系統是否也可轉移到雲端呢？Amazon 提出了解決方案！

專業分工已經是產業發展的主流，發展的主軸就是【非核心事業外包】，對於非資訊專業廠商而言，資訊系統只是一個管理工具，並非核心事業，因此資訊系統、設備外包、租賃儼然成為一種趨勢。

Amazon 是一家以創新為核心競爭力的公司，為應付企業內各部門龐大的創新方案，Amazon 的資訊部門開發出 AWS（Amazon Web Service），這是一種積木式的雲端資源分享架構，每一個單位可獨立運行，需要較大運算能量時，就即時以積木堆疊的方式增加：儲存容量、運算速度、網路傳輸速度，對於新創企業、新創部門、新創專案提供非常大的發展彈性，AWS 是雲端服務的開創者，更是產業發展領導品牌。

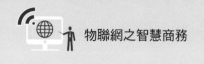
雲端服務

應用程式	開發工具 資料庫管理 商務分析	作業系統	伺服器 儲存體	網路防火牆 安全性	資料中心 實體廠房 建築物

資訊供應商提供的雲端服務方案，提供 3 種不同層次的服務，敘述如下：

IaaS	I（Infrastrure 基礎設施），提供硬體、網路、機房管理，適用於已經完成軟體建置的單位，將機房全部外包出去，企業內資訊人員只要專注在：系統與軟體的建置、開發、維護。
PaaS	P（Platform 開發平台），提供 IaaS + 作業平台（作業系統、資料庫）+ 軟體開發工具，企業內資訊人員只要專注在：軟體建置、開發、維護。
SaaS	S（Software 軟體），提供 PaaS + 應用軟體，企業內資訊人員只要專注在：軟體設定、應用。

採用雲端服務方案可大幅縮短資訊系統建置時間，更可降低硬體投資的風險性，請參考後續的評估方案。

雲端服務代表廠商

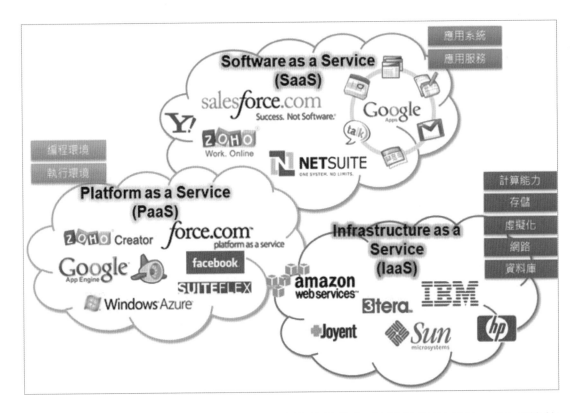

目前雲端服務尚處於發展階段，IaaS（基礎設施）是目前發展較快、較成熟的市場，根據市場統計資料，2019 年全球雲端運算 IaaS 市場持續快速增長，年增 37.3%，整體市場規模達 445 億美元。在全球市場中，亞馬遜 AWS、微軟 Azure、阿里雲 AliCloud 組成的 3A 格局仍然穩固，市占率排列如下：

 AWS：45%、Azure：17%、AliCloud：9.1%

IaaS 的關鍵不是 Infrastructure，而是 Service！目前臺灣 IaaS 還在土法煉鋼，根本沒做到 Service，業者只是購買了硬體設備、部署了虛擬化軟體、訂定計費方式、自行開發了自助式的使用平臺後，再透過網路出租給客戶，從實體機器的出租服務改為虛擬機器罷了。

 電腦機房建置評估

案例1：建立一套流量平穩的應用系統要運作3年	
方案1：自建機房 ● 使用Dell PowerEdge R610 　配置96GB記憶體 ● 2顆英特爾E5645處理器 ● 機房管理費用	**方案2：租用IaaS** ● Amazon EC2大型虛擬機器 ● 租34GB記憶體 ● 13顆EC2處理單元 　（運算效率只有方案1的1/3）
3年總成本約需9,600美元	3年總成本約需26,280美元

對於一個固定作業模式、交易流量穩定的企業而言，租用 IaaS 是不具經濟效益的，就硬體效能作評估、比較，很顯然的租用 IaaS 是不划算的。

電腦機房建置評估

案例2：海爾家電的IT 基礎建設採購案

方案1：自建系統	方案3：與HP 簽訂服務合約
● 購買800臺伺服器 用來執行300多套應用系統	HP包下海爾IT基礎設施的所有需求： ● 海爾有任何系統要上線時 只需要提前1周通知HP ● 提供應急的資源 臨時性的專案 HP得在4小時內完成支援任務
方案2：向電信業者租用IaaS ● 導入伺服器虛擬化 能少買許多設備 節省採購費用	● 560臺伺服器的專案價格決標 實際上只用了約250臺伺服器 海爾300套系統如期上線

海爾家電採用方案 3，理由如下：

A. 海爾企業所需建置的系統的情境並非「穩定流量」，因此對於硬體的需求的評估是很難達到精準的，由方案 1 的 800 部伺服器到方案 3 實際使用 250 部主機，就可以知道估計誤差的程度有多大。

B. HP 提供完全彈性化的支援方案，不論海爾的業務需求如何暴增，HP 都可以即時支援，這是方案 1、方案 2 完全無法滿足的，有了這種強力的備援方案，海爾的業務部門可以放心的推動各種行銷方案，不必擔心來自於資訊部門硬體擴充的問題。

C. 實際簽約只用 560 部主機，相對於海爾預估的 800 部主機，這個交易是划算的，實際執行只用 250 部主機，對於 HP 而言更是大賺一筆，所以說整個交易是雙贏的局面。

寶刀屠龍號令天下

2020-07-31全球市值排名前5				
Apple	Amazon	微軟	谷歌	臉書
1.8兆	1.5兆	1.5兆	1兆	0.7兆

全球市值排名前五的企業全部在美國，全部是 IT →社群→雲端企業，這個結果確定了下一個世代產業發展的核心。

市值排名第一的 Apple 乍看之下是硬體公司，但真正的核心產品卻是：ios 作業系統、APP 生態系、影音串流服務，就是一家雲端公司，完美整合：硬體、軟體、服務，唯一的競爭對手是自己，必須不斷創新來滿足消費者！

排名 2~4 目前全部是雲端企業，以 Amazon 為例，看似電子商務企業，真正核心競爭力與獲利來源卻是：大數據、雲端服務，微軟、谷歌、臉書雖然有各自不同的本業，也全部朝這個方向前進，堪稱是殊途同歸，原來是井水不犯河水，如今全部成為競爭對手！

物聯網串聯萬物的第一步是提升自動化，藉由萬物相聯，人的行為也全部轉化為有用的資訊，【大數據→雲端資料庫】徹底改變商業模式，數據挖掘→數據管理→數據應用將成為企業決勝關鍵。

習題

( ) 1. 有關雲端應用、服務的敘述，以下哪一個項目是錯誤的？

    (A) 手機通訊錄是儲存在雲端的

    (B) e-mail 信件都是儲存在個人主機上

    (C) AWS 是亞馬遜開發的

    (D) 雲端服務系統服務是租賃服務

( ) 2. 有關資訊科技的演進的敘述，以下哪一個項目是錯誤的？

    (A) 區域網路普及造成電腦病毒肆虐

    (B) 雲端服務系統提供軟硬體管理方案

    (C) Microsoft 開創個人電腦時代

    (D) 大型主機時代只有專業人士有能力使用電腦

( ) 3. 有關雲端應用的敘述，以下哪一個項目不是 Google 的產品？

    (A) Gmail   (B) Google Drive

    (C) Google Maps   (D) Wike

( ) 4. 有關免費的時代的敘述，以下哪一個項目是錯誤的？

    (A) 2001 年網路泡沫破裂證明免費模式不可行

    (B) 人潮創造錢潮

    (C) 高端消費者，願意付費取得高品質的服務

    (D) 免費服務通常必須忍受廣告

( ) 5. 有關消費個資的敘述，以下哪一個項目是錯誤的？

    (A) Facebook 因濫用用戶個資而被調查

    (B) 只要用戶簽下同意書企業就可使用用戶個資

    (C) Facebook CEO 是佐伯克

    (D) 一個永續經營的企業應以客為尊

( ) 6. 有關雲端服務創始者的敘述，以下哪一個項目是錯誤的？

    (A) Amazon 是一家創新科技公司

    (B) 將非核心事業外包是一種產業趨勢

    (C) AWS = Apple Web Service

    (D) AWS 是一種積木式的雲端資源分享架構

（　）7. 有關雲端服務的敘述，以下哪一個項目是錯誤的？

(A) I = Infrastrure 基礎設施

(B) P = Platform 開發平台

(C) S = Software 軟體

(D) 網路建置屬於 PaaS

（　）8. 有關雲端服務代表廠商的敘述，以下哪一個項目是錯誤的？

(A) IaaS 的關鍵是 Infrastructure

(B) IaaS 是目前發展較快、較成熟的市場

(C) 亞馬遜 AWS 市佔率第 1

(D) Azure 是微軟的雲端服務

（　）9. 有關電腦機房建置案例的敘述，以下哪一個項目不適合租用 Iaas？

(A) 新創企業

(B) 固定作業模式企業

(C) 全球化企業

(D) 新創專案部門

（　）10. 有關電腦機房建置案例的敘述，對於 Iaas 的敘述以下哪一個項目是錯誤的？

(A) 硬體需求暴增廠商可以即時支援

(B) 流量需求暴增廠商可以即時支援

(C) 租約偏重於供應廠商的保護

(D) 租用合約採完全彈性

（　）11. 有關全球企業市值排名的敘述，以下哪一個項目不是排名前 5？

(A) Apple

(B) Amazon

(C) Microsoft

(D) TOYOTA

習題解答

Chapter 1　物聯網概論

1. A	2. B	3. C	4. D	5. A	6. B
7. C	8. D	9. A	10. B	11. C	12. D
13. A	14. B	15. C	16. D	17. A	18. B
19. C	20. D	21. A	22. B	23. C	24. D
25. A	26. B	27. C	28. D	29. A	30. B
31. C					

Chapter 2　物聯網之物流、運輸自動化

1. D	2. A	3. B	4. C	5. D	6. A
7. B	8. C	9. D	10. A	11. B	12. C
13. D	14. A	15. B	16. C	17. D	18. A
19. B	20. C	21. D	22. A	23. B	24. C

Chapter 3　物聯網之商務創新

1. D	2. A	3. B	4. C	5. D	6. A
7. B	8. C	9. D	10. A	11. B	12. C
13. D	14. A	15. B	16. C	17. D	18. A
19. B	20. C	21. D	22. A	23. B	24. C
25. D	26. A	27. B	28. C	29. D	30. A
31. B	32. C	33. D	34. A	35. B	36. C
37. D	38. A	39. B	40. C	41. D	42. A
43. B	44. C	45. D	46. A	47. B	48. C
49. D	50. A	51. B	52. C	53. D	54. A
55. B	56. C	57. D	58. A	59. B	60. C
61. D	62. A	63. B	64. C	65. D	66. A
67. B	68. C	69. D	70. A		

Chapter 4　大數據應用案例

1. B　2. C　3. D　4. A　5. B　6. C
7. D　8. A　9. B　10. C　11. D　12. A
13. B　14. C　15. D　16. A　17. B　18. C
19. D　20. A　21. B　22. C　23. D　24. A
25. B　26. C　27. D　28. A

Chapter 5　雲端應用、服務

1. B　2. C　3. D　4. A　5. B　6. C
7. D　8. A　9. B　10. C　11. D

物聯網之智慧商務

作　　者：中華企業資源規劃學會 / 林文恭
企劃編輯：郭季柔
文字編輯：詹祐甯
設計裝幀：張寶莉
發 行 人：廖文良

發 行 所：碁峰資訊股份有限公司
地　　址：台北市南港區三重路 66 號 7 樓之 6
電　　話：(02)2788-2408
傳　　真：(02)8192-4433
網　　站：www.gotop.com.tw
書　　號：AER056500
版　　次：2020 年 10 月初版
建議售價：NT$350

國家圖書館出版品預行編目資料

物聯網之智慧商務 / 中華企業資源規劃學會，林文恭著. -- 初版.
　-- 臺北市：碁峰資訊，2020.10
　　面；　公分
　ISBN 978-986-502-630-1(平裝)
　1.電子商務　2.物聯網
490.29　　　　　　　　　　　　　　　　　109015067

讀者服務

● 感謝您購買碁峰圖書，如果您對
本書的內容或表達上有不清楚的
地方或其他建議，請至碁峰網站：
「聯絡我們」\「圖書問題」留下
您所購買之書籍及問題。(請註明
購買書籍之書號及書名，以及問
題頁數，以便能儘快為您處理)
http://www.gotop.com.tw

● 售後服務僅限書籍本身內容，若
是軟、硬體問題，請您直接與軟、
硬體廠商聯絡。

● 若於購買書籍後發現有破損、缺
頁、裝訂錯誤之問題，請直接將書
寄回更換，並註明您的姓名、連絡
電話及地址，將有專人與您連絡
補寄商品。